原創品味！

可放手機的皮革長夾

MAKING OF LEATHER LONG WALLET

三悅文化

CONTENTS
目次

CLIP

口金長夾 P.98

能輕鬆開闔的口金款式。放卡片的部分可獨立抽離，適用5吋智慧型手機。

CLUTCH

手拿包款長夾

P.72

具有2個卡片匣和鈔票匣的大容量款式，可以容納6吋左右的智慧型手機。

L SHAPE FASTERNER

L形拉鏈長夾 P.118

構造簡潔、造型輕薄的L形拉鏈長夾款式，可以容納6吋左右的智慧型手機。

ROUND FASTENER

全開口拉鏈長夾 P.152

開口大，方便取出卡片或鈔票，可以容納5吋左右的智慧型手機。

FOLDED

二折長夾 P.12

簡潔匯集錢包基本功能、可以說是基本款中的基本款。適用於5吋左右的智慧型手機。

POUCH

拉鏈包款長夾 P.48

內部為零錢匣，可另外與獨立的卡片匣及鈔票匣搭配使用。能夠容納6吋左右的智慧型手機。

基本工具

本單元將介紹縫製皮革錢包所需要的基本工具。工具的使用方法將於〈二折長夾〉的製造過程中介紹，請務必參考。

攝影＝小峰秀世／柴田雅人

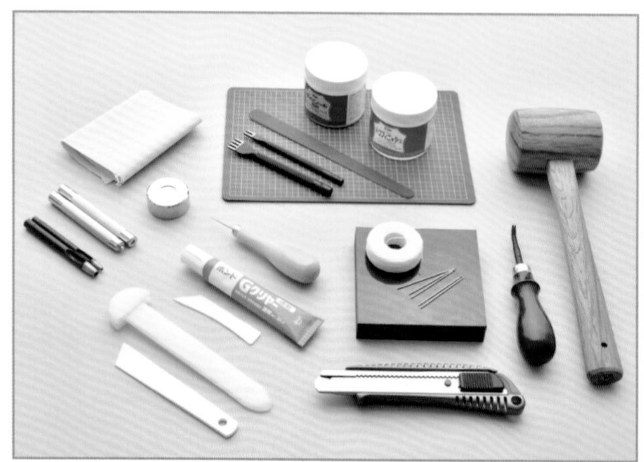

這是可以進行手縫操作的基本工具，以及固定壓釦的純手工皮革工藝套組。以此工具組為必要備齊的基礎工具，即可開始縫製皮革。

STC leathercraft tool B
（手工皮革工藝套組B）
定價 10,000日圓+稅金（不含運費）

洽詢資訊
株式会社スタジオタッククリエイティブ
Tel 03-5474-6200 e-mail stc@fd5.so-net.ne.jp

皮革工藝中使用的基本工具

圓錐

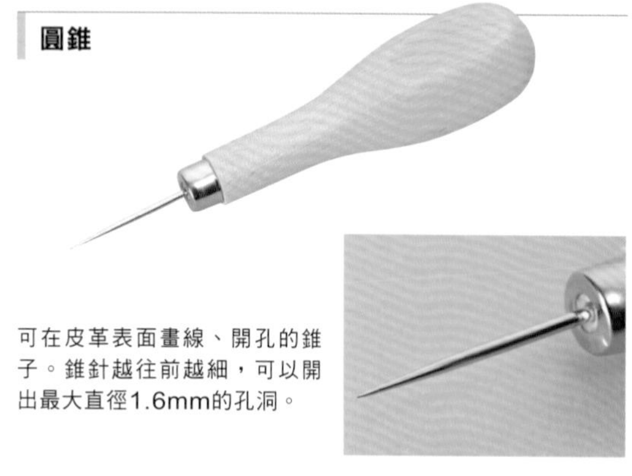

可在皮革表面畫線、開孔的錐子。錐針越往前越細，可以開出最大直徑1.6mm的孔洞。

NT美工刀

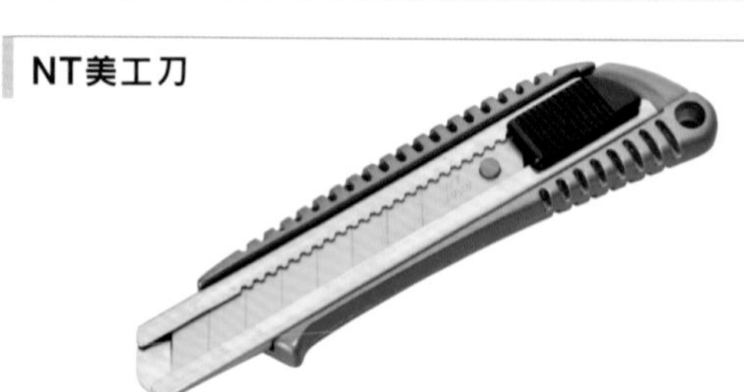

可用切割較厚皮革的大型美工刀。使用美工刀時，底下必須鋪上切割墊。根據形狀，可以分別使用不同角度的刀片。

切割墊

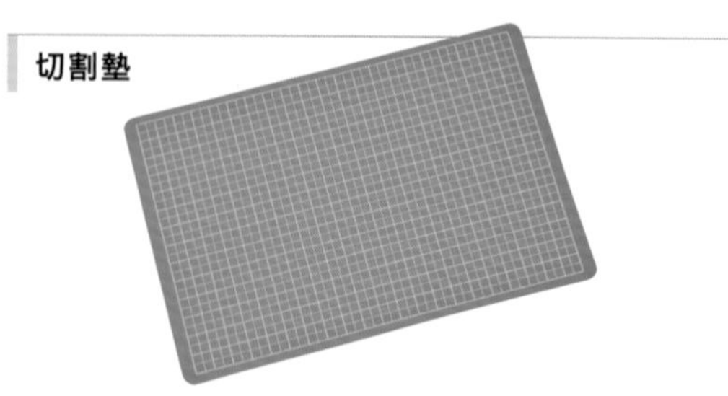

切割皮革時，鋪在下面的切割墊，可防止工作臺表面刮傷。另外，也可以夾在側邊皮料之間，當作橡膠板替代品。

研磨片

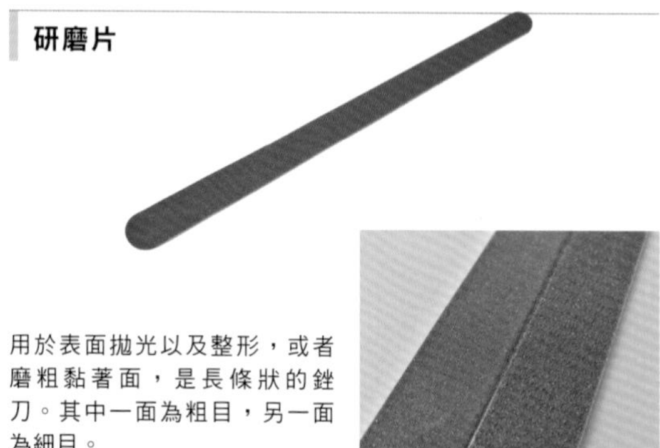

用於表面拋光以及整形，或者磨粗黏著面，是長條狀的銼刀。其中一面為粗目，另一面為細目。

三用磨緣器

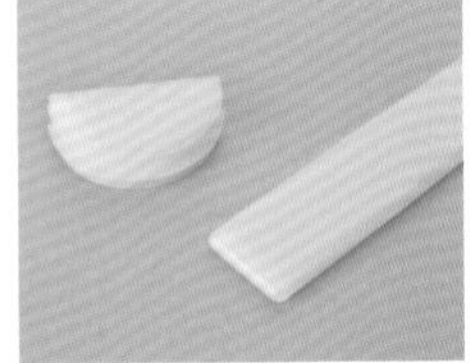

用於研磨皮革肉面層與側邊的工具。使用柄部的溝槽，可以畫出寬2mm、3mm、5mm的線。

白膠

適合大面積黏貼的水性貼合劑。必須在乾燥前貼合，但貼合之後仍然可以稍微調整位置。

菱斬

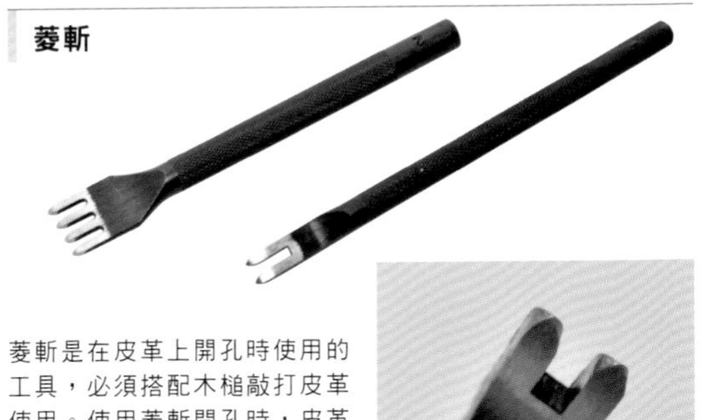

菱斬是在皮革上開孔時使用的工具，必須搭配木槌敲打皮革使用。使用菱斬開孔時，皮革下必須鋪膠板，桌子才不會被菱斬的刀刃刮傷。

膠板

開縫線洞或零件洞時，鋪在皮革下的硬質橡膠板。

快乾膠

不僅是皮革與皮革之間，也能黏合布料、金屬等不同材質的速乾合成橡膠類黏著劑。等到變成手不會沾附的半乾燥狀態再貼合按壓。

上膠片

塗抹白膠以及床面處理劑時使用的樹脂製刮板。尤其在大範圍塗抹膠劑時，非常好用。

木槌

在皮革上用菱斬或圓斬、金屬器具等工具敲打時使用。另外，木槌中間的圓肚還可以拿來敲打針腳，讓表面更服貼。

手縫針

手縫用的針。為了方便穿過用菱斬開的孔，尖端呈圓形。

手縫蠟線

為防止手縫線毛躁或斷裂而塗上一層蠟的聚脂纖維線。有粗有細，手工皮革工藝套組B裡面附的是白色的細線。

床面處理劑

抑制單寧鞣革肉面層與側邊毛躁的研磨劑。塗抹在肉面層與側邊，使用三用磨緣器研磨。

削邊器

可削去皮革邊緣並進行導角加工的工具。經過導角成形，可以更加簡便地完成漂亮的邊緣。

磨邊帆布

質地較粗的帆布較容易摩擦生熱，可在短時間內完成側邊的研磨工作。藉由與三用磨緣器並用，讓磨邊更輕鬆。

圓斬

開孔用的工具。像菱斬一樣，用木槌敲打在皮革上開孔。手工皮革工藝套組B裡面有10號（直徑3.0mm）與18號（直徑5.5mm）兩種大小。

環釦斬工具

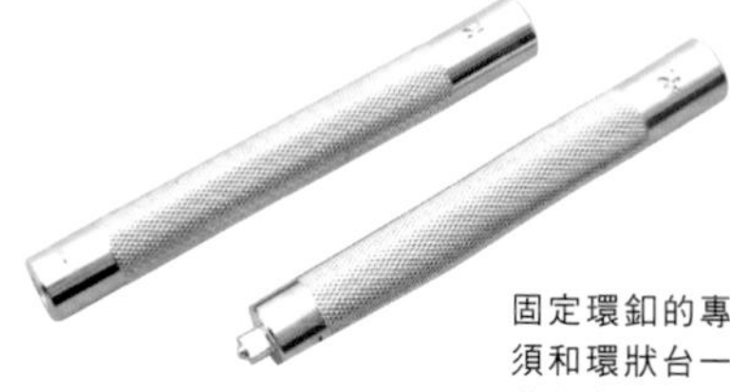

固定環釦的專用敲打工具。必須和環狀台一起使用。尺寸有大和中兩種，手工皮革工藝套組B裡面的是大尺寸。

環狀台

上面的照片是套組裡的環狀台，是非常通用且方便的款式。右邊的照片是有各種尺寸坑的萬用環狀台，完成的精確度會更高。

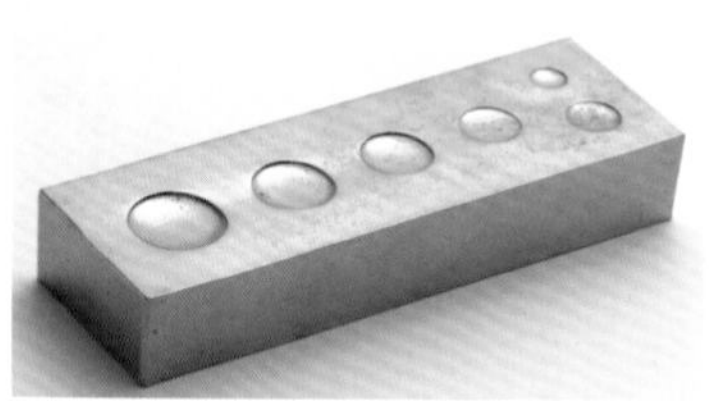

除了皮革套組以外需要準備的工具

直尺

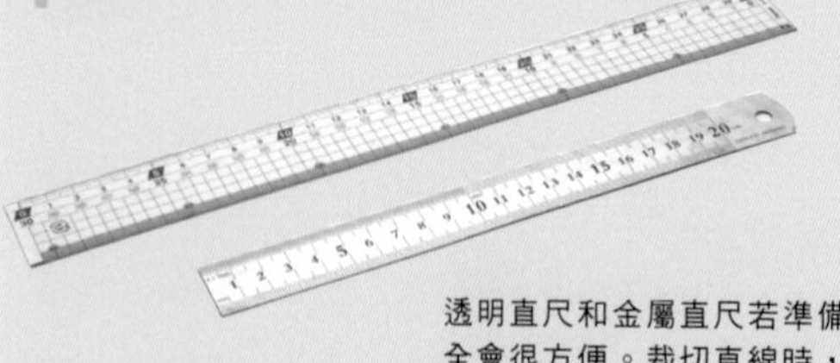

透明直尺和金屬直尺若準備齊全會很方便。裁切直線時，可使用金屬製的直尺。

打火機

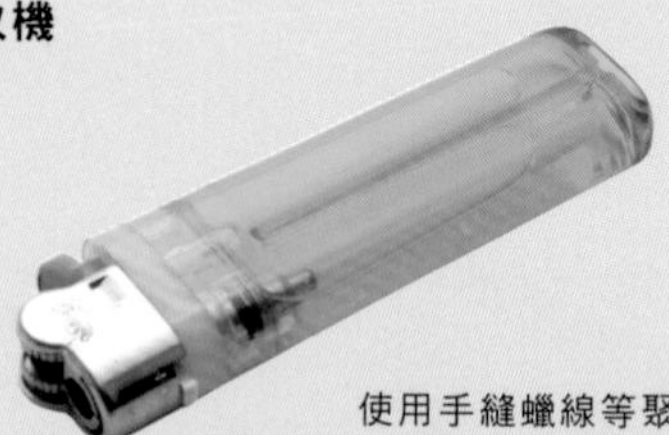

使用手縫蠟線等聚脂類材質的手縫線時，縫到最後可以用打火機燒熔固定。

長夾的製作

本書介紹6種長夾的製作方法。基本上操作都一樣，第一次從事手工皮革工藝的讀者，最好先從〈二折長夾〉開始製作，藉此學會基礎的方法。之後可以加上一些變化，製作出獨一無二的專屬長夾喔！

CONTENTS

FOLDED
二折長夾

二折款式可以說是最基本款的長夾。本單元製作的長夾，完全不使用金屬零件，並且備有可以放零錢、鈔票、5個卡片匣的空間，既簡單實用性又高。放鈔票的位置，可以容納5吋左右的智慧型手機。

攝影＝小峰秀世

PARTS 材 料　內裡用的皮料，請選擇厚度在0.5mm以下的材質。

❶ **本體用皮料**：單寧鞣革牛皮（厚1.5mm）
❷ **中間零件用皮料**：單寧鞣革牛皮（厚1mm）
❸ **本體內裡皮料**：單寧鞣革牛皮（厚0.3mm）

TOOLS 工 具　使用STC 手工皮革工藝套組B即可完成。

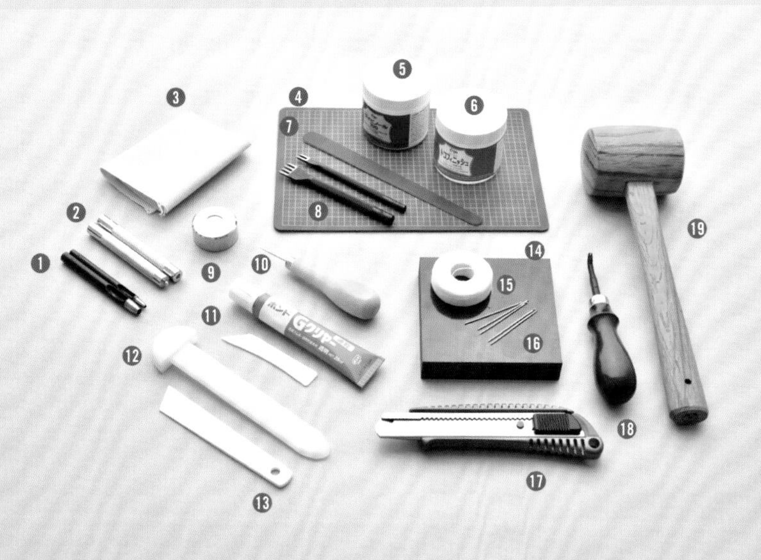

❶ **圓斬**：10號（直徑3.0mm）
18號（直徑5.5mm）
❷ **環釦斬**：大
❸ **磨邊帆布**
❹ **切割墊**
❺ **白膠**
❻ **床面處理劑**
❼ **研磨片**
❽ **菱斬**：2頭、4頭
❾ **環狀台**
❿ **圓錐**
⓫ **快乾膠**
⓬ **三用磨緣器**
⓭ **上膠片**
⓮ **膠板**
⓯ **手縫蠟線**：細
⓰ **手縫針**
⓱ **美工刀**
⓲ **削邊器**
⓳ **木槌**
※其他
・打火機・直尺・糨糊・厚紙板
・染料・棉花棒

紙型的製作方法

使用紙型時，先複印成所需的大小，貼在厚紙板上之後再剪下來。在厚紙板上黏貼複印紙時，請使用口紅膠等水分少的黏著劑。

01 將紙型放大成所需的大小。

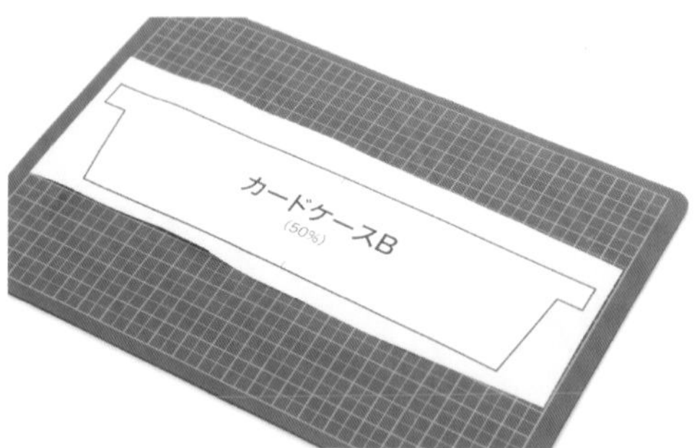

02 準備比複印紙型大一圈的厚紙板。

03 在複印的紙型背面確實塗上口紅膠。

04 將塗好口紅膠的紙型貼在厚紙板上。

05 紙型與厚紙板貼合時，使用三用磨緣器的長柄部壓緊。

06 待口紅膠乾燥之後，沿著紙型裁切線裁斷。

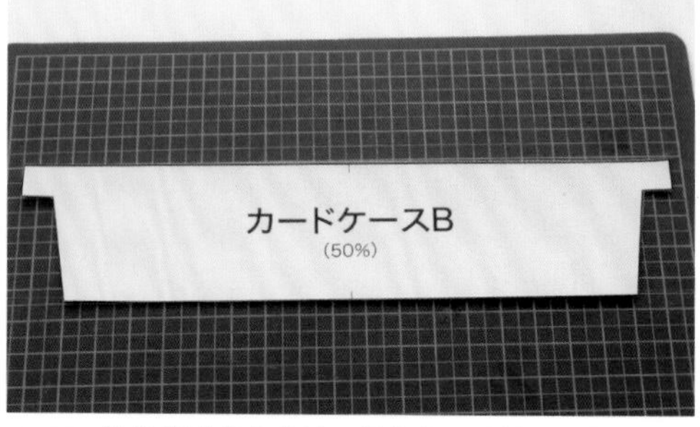

07 這樣紙型就完成了。其他部分的紙型也都用相同方法製作。

沿紙型描線

在皮革材料表面上，描繪紙型的輪廓。使用圓錐沿著紙型在皮革表面描繪輪廓。圓錐若太過垂直皮革面，可能會造成皮革刮傷，故使用時請維持斜角。

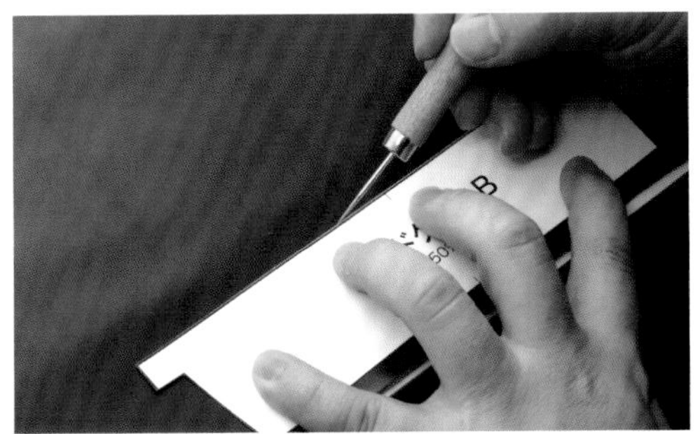

01 在皮革表面放上紙型，沿著周圍用圓錐轉描輪廓。

02 用圓錐轉描之後，需再次確認有沒有遺漏的部分。

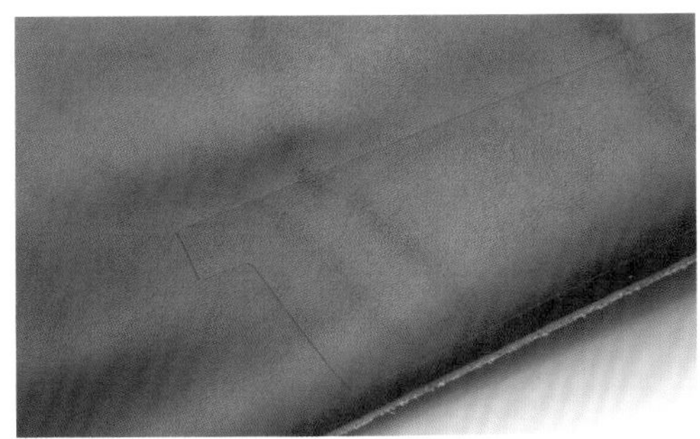

03 用圓錐描過的部分，在表面呈現凹線。縫合連接的位置也先做好記號。

04 其他部位也一樣在皮革表面轉描輪廓。

零件的裁切

沿著轉描線裁切各部位零件。長直線沿著直尺切割較佳。另外，介紹兩種曲線的裁切方法，請自行選擇適合裁切部位的方法。

粗裁

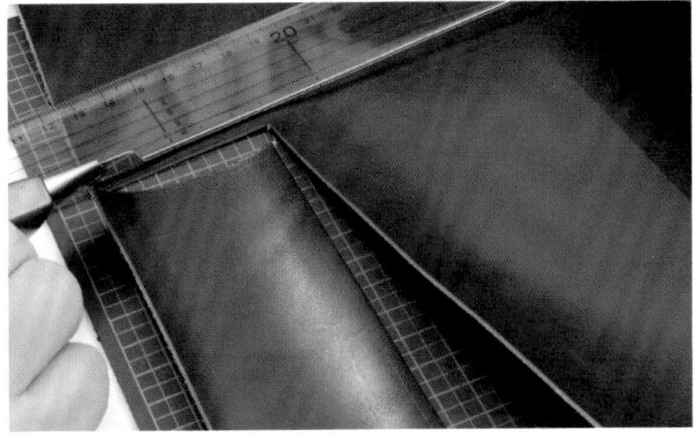

01 在轉描線外側裁切，這就稱為粗裁。

02 完成各部位零件粗裁的狀態。

直線的正式裁切

03 直線沿著直尺裁切，盡量使用較大的美工刀刀片。

04 內側有轉角的部分，為避免不小心裁斷轉角，請先從轉角處開始裁切。

05 這是卡片匣正式裁切後的狀態。以直線構造為主的其他零件，也用相同方法裁切。

曲線的正式裁切1

06 要一氣呵成裁切曲線時，務必先將刀刃保養鋒利。

07 從曲線起始端入刀，固定刀刃轉動皮革。

08 這是裁切好曲線的狀態。若刀片不夠鋒利，可能會裁到一半就卡住，導致皮料出現不平整的狀況。

曲線的正式裁切2

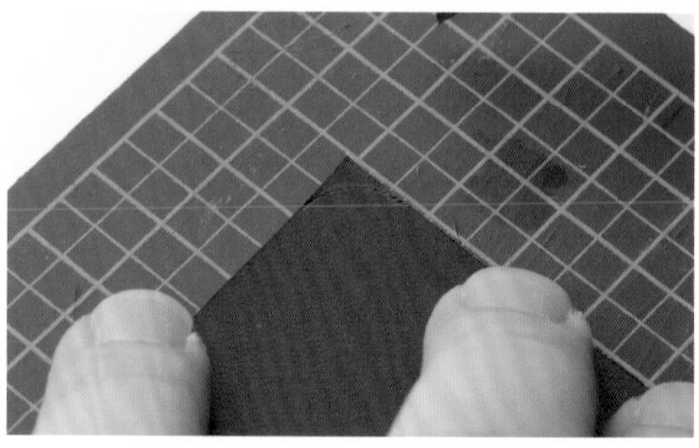

09 將曲線部分，分成好幾次直線裁切。形狀仍然用一般的曲線描繪即可。

10 沿著轉描的曲線，畫直線裁切。

11 稍微轉變一下角度，在最初裁切的位置更向前的地方畫直線裁斷。

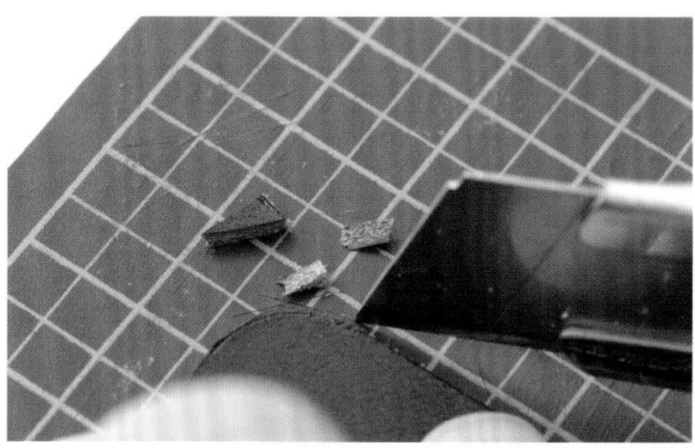

12 改變角度分成數次裁切，就能裁出近似曲線的形狀。

13 各部分零件裁切完成之後的狀態如圖。本體的內裡皮革先不在此裁切。

肉面層的處理

單寧鞣革的肉面層（內面）部分，必須塗抹床面處理劑等介質研磨。藉由研磨可抑止毛躁，使用上的舒適度也會提升。

01 將床面處理劑塗抹於肉面層。請注意，這款錢包的本體、本體內裡、零錢匣C不使用床面處理劑研磨。

02 塗抹床面處理劑之後，使用三用磨緣器的長柄部位研磨。注意不要拉扯皮料。

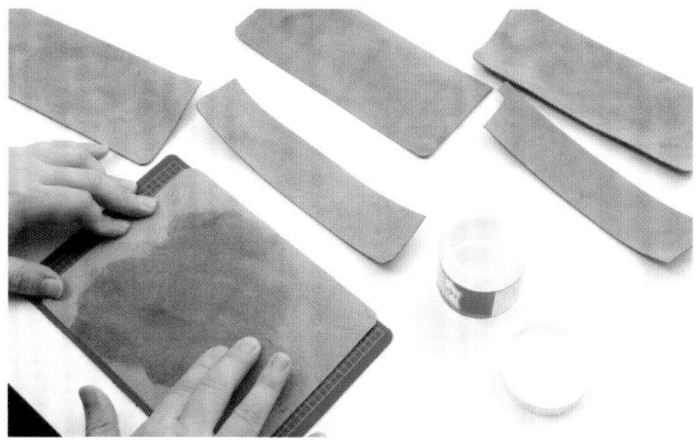

03 各零件的肉面層都塗抹床面處理劑，研磨完成。

側邊的處理

裁斷皮革的切面稱為側邊，若使用單寧鞣革，這個部分都是用研磨收邊。有一些部分的側邊製作完成後就無法加工，所以這些側邊必須先做好處理。

01 紅色的部分是必須先加工的側邊。

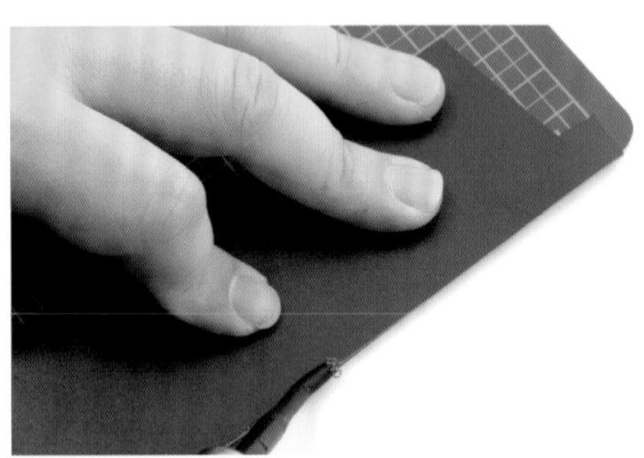

02 使用削邊器進行側邊導角加工。

03 從肉面層進行導角加工。

04 皮夾側邊皮料部分的上緣很容易就會忘記加工，要記得處理喔！

05 導角完成的側邊，使用研磨片研磨，側邊就會漸漸形成半圓形。

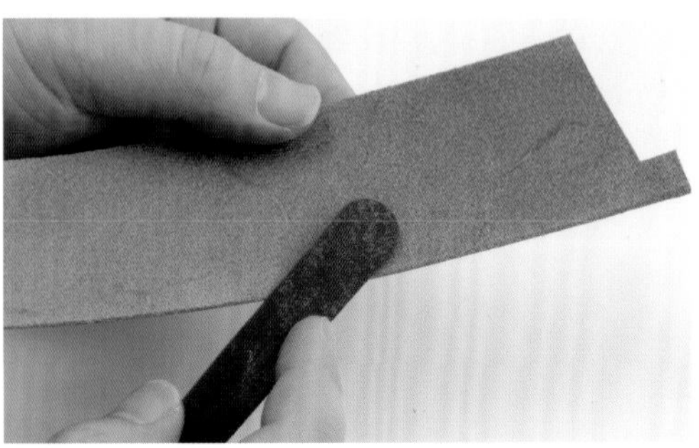

06 分別從表面、肉面層均等地用研磨片成型。

07 側邊成型之後，塗上自己喜歡的染料。建議使用比本體顏色略深的染料。

08 將處理好的側邊全部塗上染料。

09 上完染料之後再塗抹床面處理劑。

10 側邊塗抹床面處理劑之後，使用磨邊帆布夾著研磨。

11 使用磨邊帆布夾著研磨到一定程度之後，就可以放在工作臺上研磨單面。

12 從肉面層也要確實研磨。

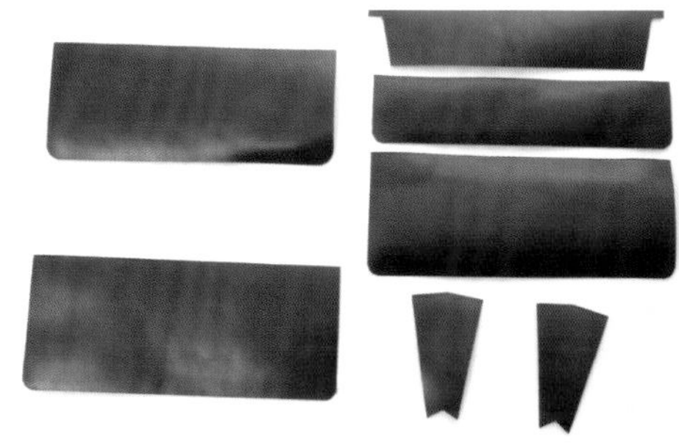

13 需要先處理的側邊已經全部完成。

製作卡片匣

接下來進入縫製的流程。首先，從縫製卡片匣開始。卡片匣由3個零件組成，總共會有4個卡片袋。

01 準備好卡片匣的組合零件。各零件的上緣皆經過側邊加工。

卡片匣A的組裝～開孔

02 將3張卡片匣疊在一起，確認固定的位置。

03 在卡片匣A和B的位置做記號。

04 從卡片匣B的固定位置以下的部分，沿著邊緣刮粗3mm左右。

05 卡片匣A除了上緣以外的3邊肉面層，都刮粗3mm左右。

06 卡片匣B凸出的部分，也在肉面層沿邊緣刮粗3mm左右。

07 卡片匣A下邊的肉面層，也沿邊緣刮粗3mm左右。

08 對齊卡片匣B的固定位置，在卡片匣C上畫出下緣線。

09 在步驟08畫出的線上，刮粗3mm左右。

10 在步驟07刮粗的卡片匣B下緣肉面層，塗上白膠。

11 在步驟06刮粗的卡片匣B凸出的肉面層，塗上白膠。

12 在步驟09於卡片匣C刮粗的部分塗上白膠，貼合卡片匣A。

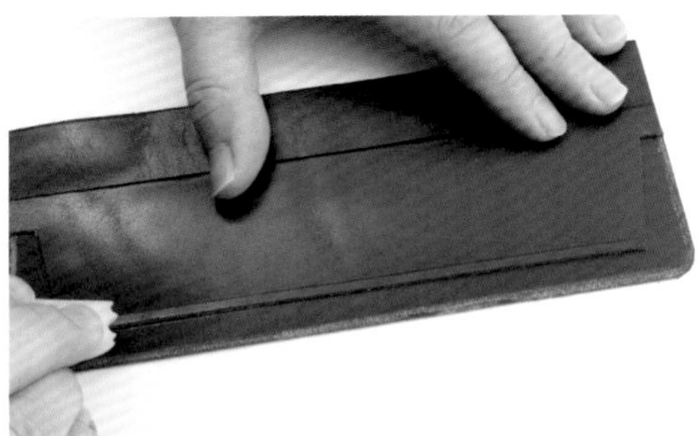

13 與卡片匣C貼合的卡片匣B的下緣，畫出寬3mm的縫線。

14 配合縫線用菱斬在開孔位置做記號。中間先保留，決定左右兩邊各為偶數的孔洞位置。

15 對齊記號位置開縫製孔。

菱斬必須垂直接觸皮料，注意位置不要偏移再用木槌敲打。

16

17 若為連續開孔，則必須從已經開好的最後1孔開始。

18 卡片匣B下緣的縫線孔已經開好了。

縫合卡片匣B

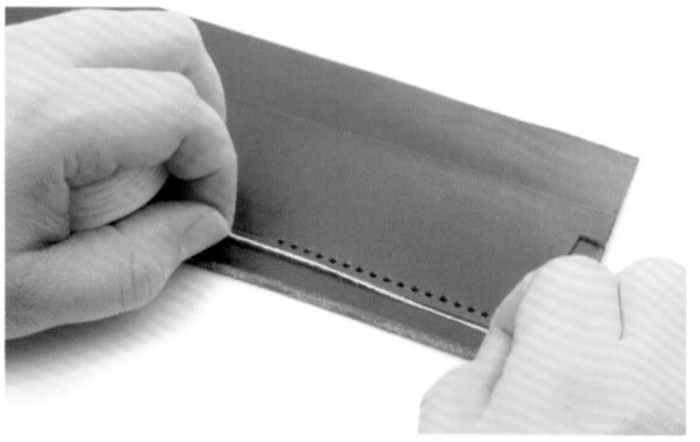

19 卡片匣B的下緣用平縫縫合。線的長度需準備縫合距離的2倍。

將手縫線穿過針孔。穿過針孔的線大約長10cm。
20

21 用針刺穿凸出的線。

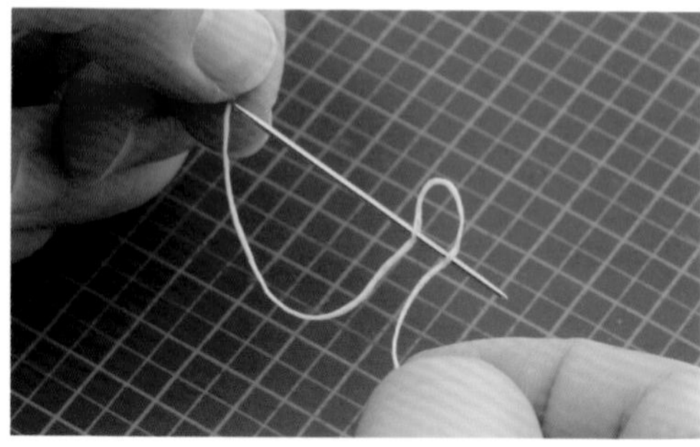

22 手縫線反折之後再刺1針。

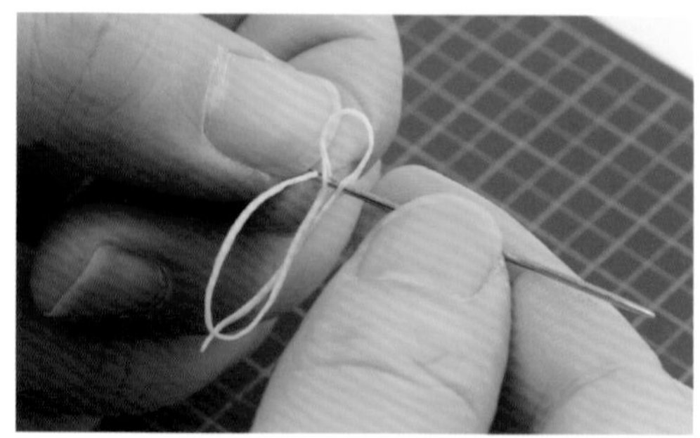

23 把手縫線推到針的底部。

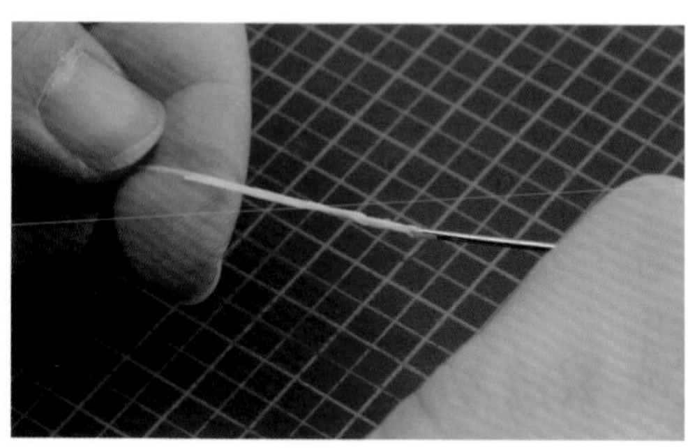

24 拉緊長段的手縫線，就可以把兩段繩子合而為一了。如此一來，針線的準備工作就結束了。

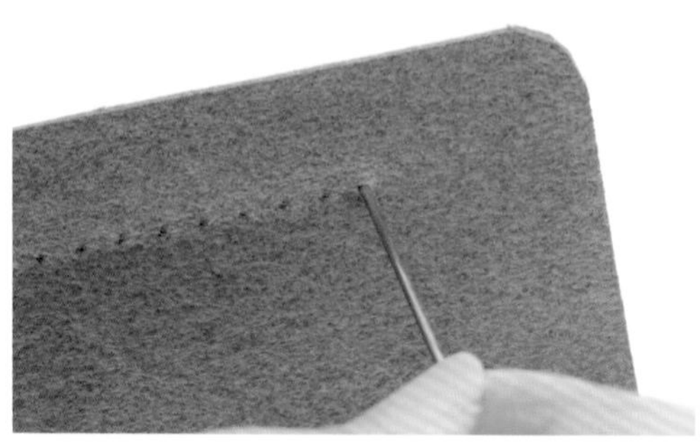

25 從最旁邊的孔洞開始，從肉層面穿線。

26 線穿過之後，在肉層面留下2～3mm的手縫線。

27 穿出肉層面的線頭，用打火機燒熔。

28 將燒熔的線頭用打火機前端壓扁。

29 燒熔的線頭壓扁之後，線就能固定了。這種方法稱為「燒熔固定」，是聚脂纖維類縫線的基本固定方式。

30 穿出表面的線，繼續從隔壁的孔洞穿入。

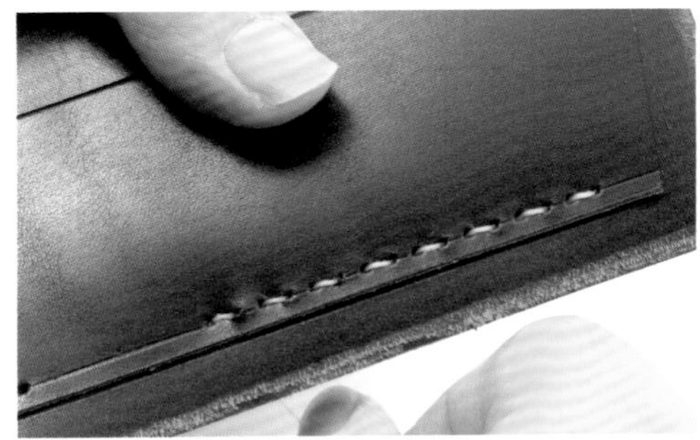

31 反覆縫合之後，線就會像這樣穿插。這種縫製方式稱為平縫。

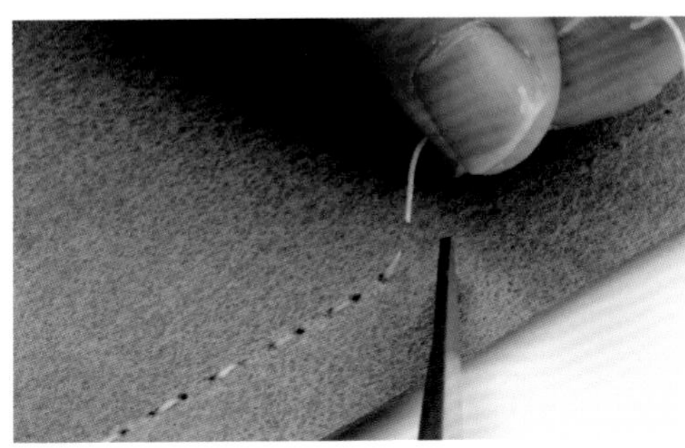

32 穿過最後的孔洞，內側的手縫線保留2～3mm其他剪掉。

33 將殘留的線頭用燒熔固定收尾。

34 縫合兩側之後，用木槌中腹敲打，讓針腳更服貼。

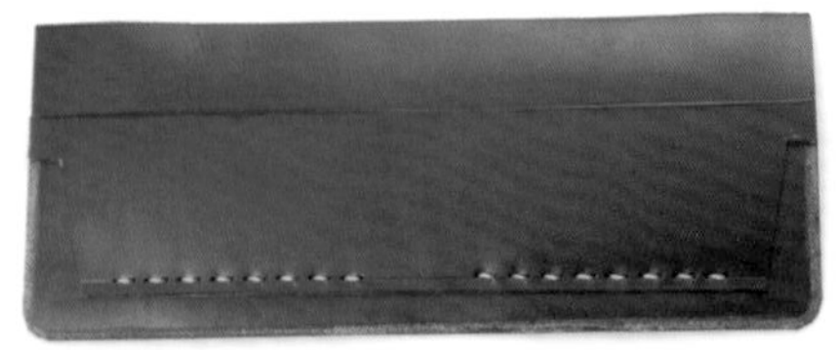

35 卡片匣B的下緣，縫合完成後的狀態。

貼合卡片匣A

36 在卡片匣的基準點與中心位置做記號。

37 在卡片匣B的中心位置也做記號。

38 在p.20的步驟05中刮粗的卡片匣A肉面層與卡片匣C步驟04刮粗的部分，塗上白膠。

39 將卡片匣A與C貼合。

在中間開手縫孔

40 在卡片匣B的中心位置上用圓錐開基準孔。

41 在卡片匣A的基準點標記處，用圓錐開孔。

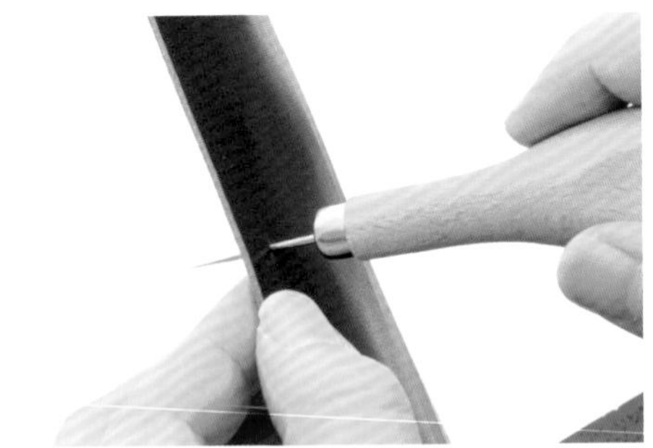

42 用圓錐擴大基準孔。

43 連接上下基準孔，並畫線標記。

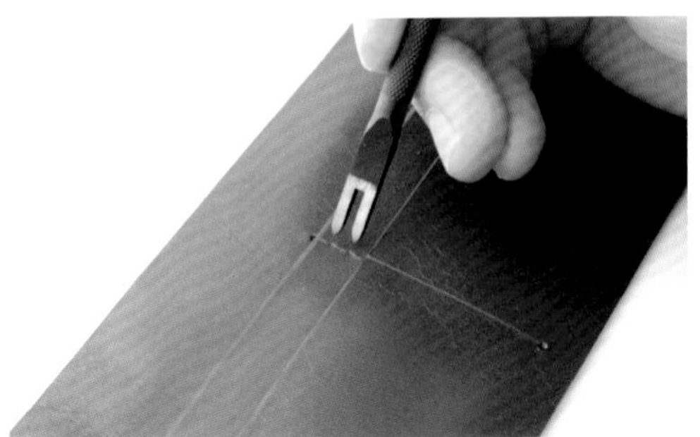

44 對齊縫線用菱斬在手縫孔的位置做記號。開孔位置須避開有高低差的部分。

45 依照記號位置開孔。

46 須注意起點到基準點之間的開孔平衡。

縫合中間的部分

47 準備縫製距離4倍＋30cm長度的手縫線，縫線兩端都須穿針，從基準點數來第2個開孔穿線。

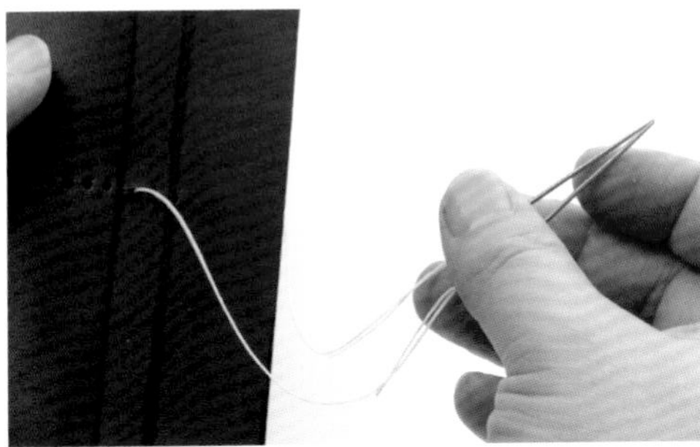

48 穿過開孔之後，將線整理為正反面等長。

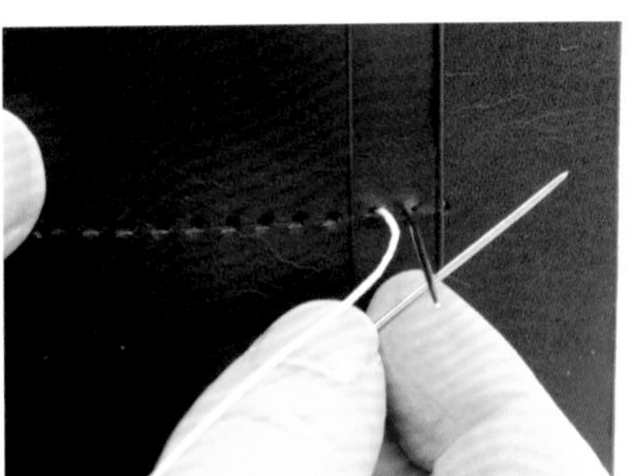

49 首先朝起點方向縫製。從內側穿出來的針在上，與表面的針重疊。

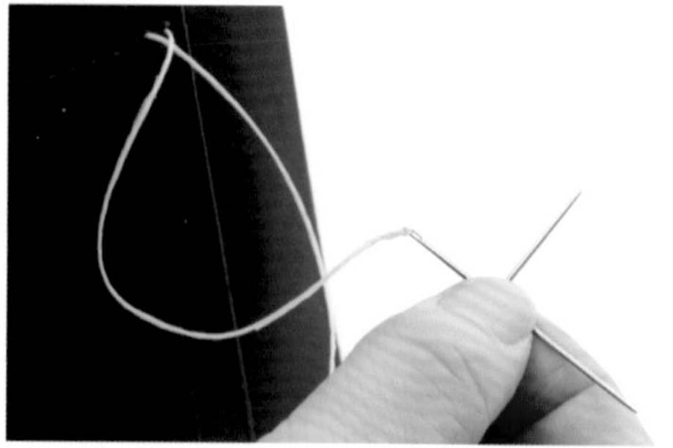

50 從內側穿出的線，全部拉到正面。

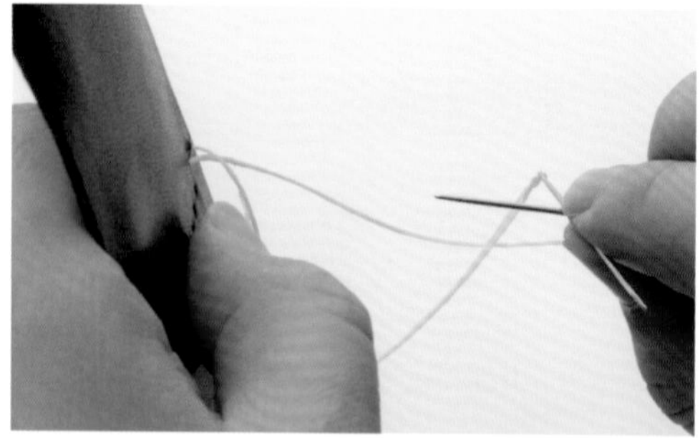

51 將重疊的針上下顛倒，穿過從內側拉出手縫線的孔。注意不要刺穿剛才已經穿過的線。

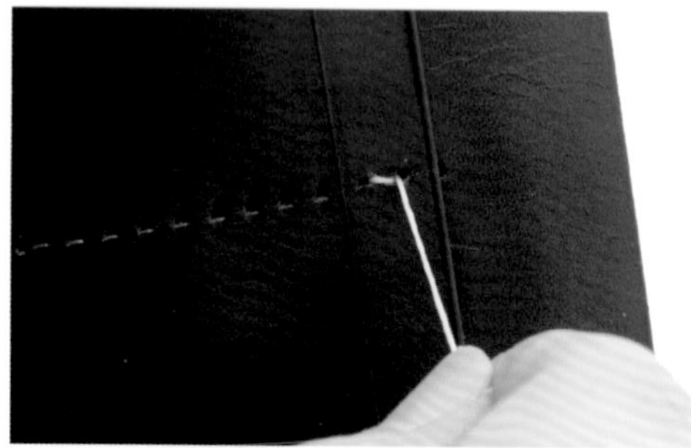

52 穿針之後拉緊縫線，就會出現這樣的針腳。這種縫製法就稱為「雙針縫」。

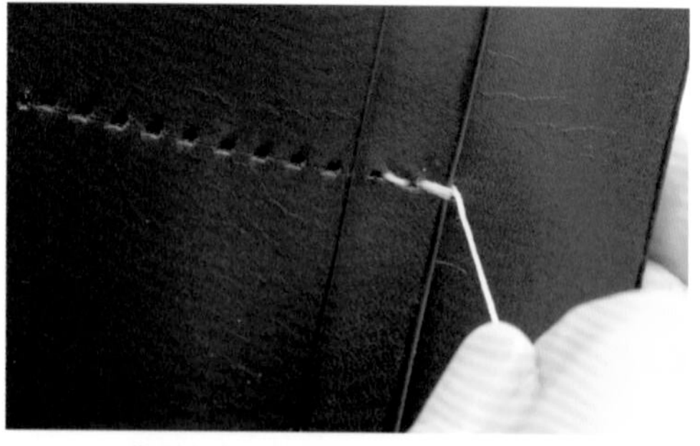

53 一直到上方的基準點為止都用相同的方法縫製。

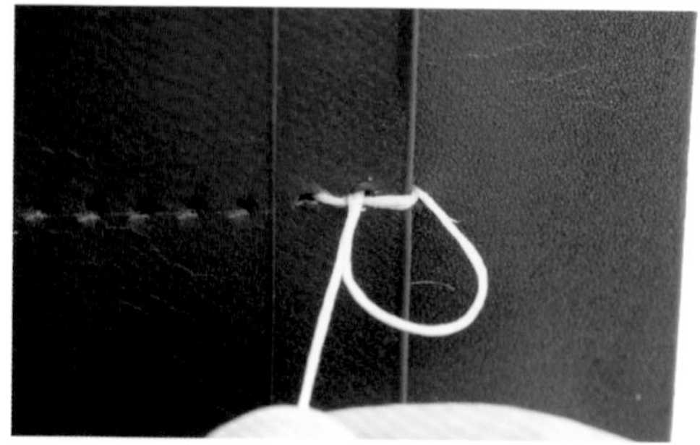

54 接下來往下方的基準點縫製。邊緣的部分會像這樣有雙層縫線。

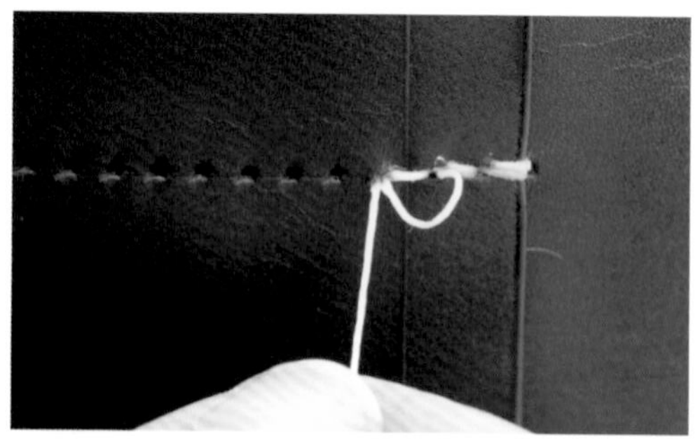

55 卡片匣A的高低差部分會有雙重縫線。

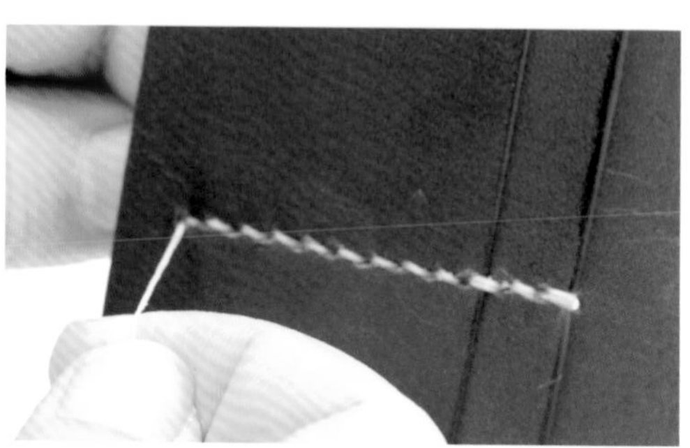

56 接著往下方基準點縫製。

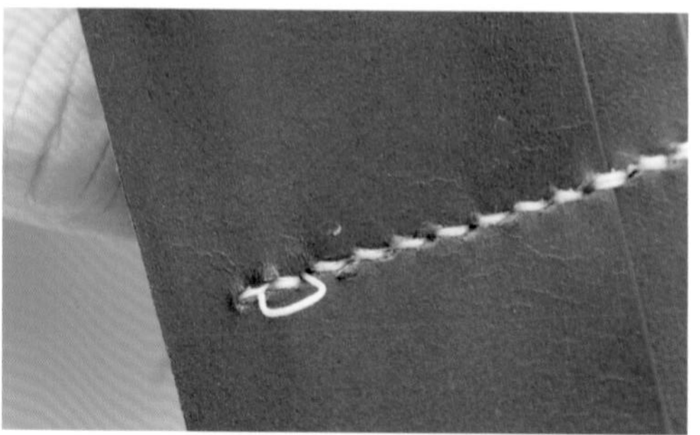

57 縫到下方基準點之後，兩側的縫線往回針1孔，而表面的縫線要再多回針1孔。

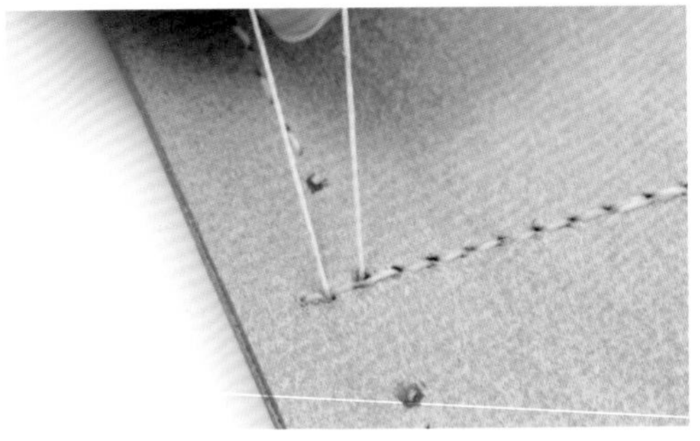

58 表面多回針1孔，縫線線頭就會都集中在肉面層。

59 將縫製完成的線保留2～3mm，剩餘的剪掉。

60 將殘留的線頭用打火機燒熔。

61 趁線頭尚未凝固之前，用打火機前端按壓收尾。

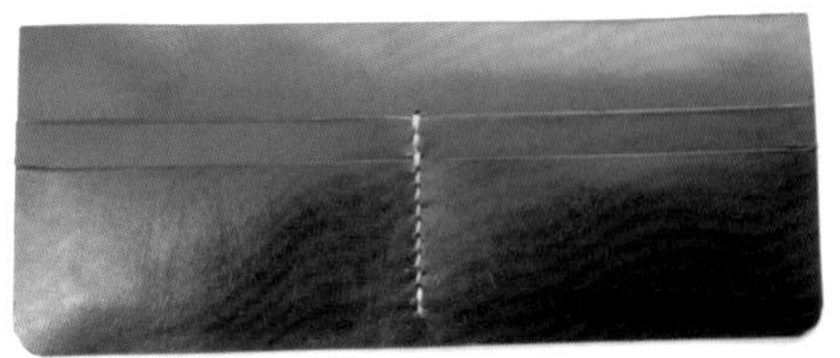

62 周圍需與本體一起縫製，所以卡片匣暫時算是製作完成。

零錢匣的製作

接著要縫合零錢匣、鈔票匣與皮夾側邊皮料，製作成零件之一。若順序有誤就無法縫製，所以要一邊確認縫製順序一邊進行操作喔！

01 準備好零錢匣A、B、C、鈔票匣及兩側皮料。

縫合零錢匣B與鈔票匣

02 準備零錢匣背面與掀蓋皮料合而為一的B零件與鈔票匣零件。

將紙型與各零件的肉面層疊在一起，於縫線的4個角落做記號。

03

04 連接鈔票匣的4個標記點，畫上縫線記號。

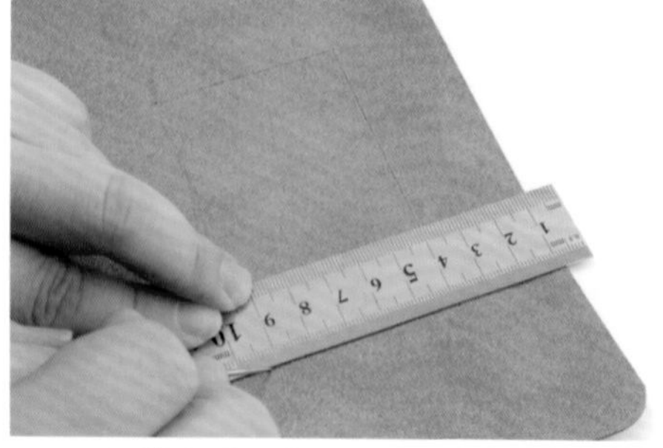

05 零錢匣B也一樣，連接4個點，畫出除了上邊以外的3邊縫線記號。

06 在零錢匣B的4個角落，使用圓錐擴大孔洞。

07 撐大在鈔票匣下緣的2個孔洞。

08 對齊下緣的孔洞位置，背對背重疊鈔票匣與零錢匣，並用長尾夾固定。

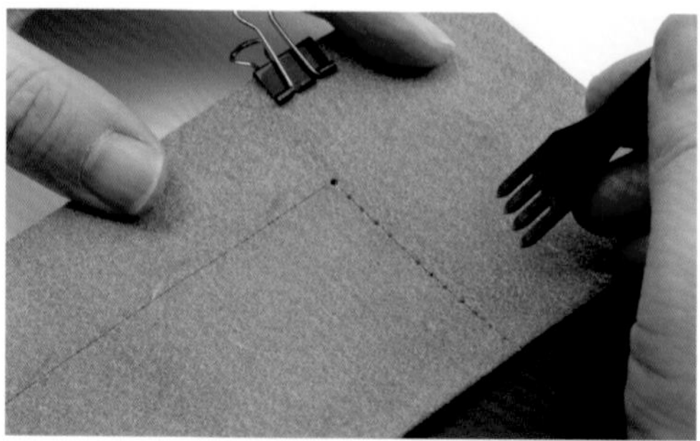

09 對齊縫線，用菱斬在開孔位置做記號。

10 小心不要讓位置偏移，依照記號位置開孔。

11 鈔票匣與零錢匣B已經開完孔。縫合的部分會形成1個卡片匣。

12 從邊緣數過來第2個孔開始回針，在邊緣留下雙重縫線後繼續縫製。

13 一直縫到對面的邊緣。

14 從兩側回針1孔，鈔票匣那一面的縫線必須再多回針1孔。

15 縫製完成後用打火機燒熔線頭收尾。

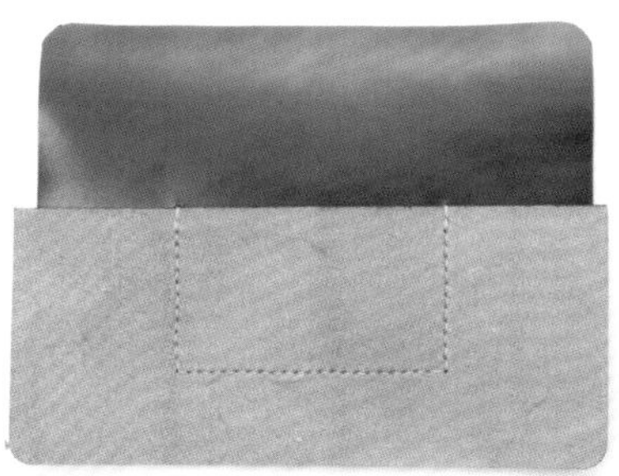

16 零錢匣B與鈔票匣縫合完成。

縫合零錢匣C

17 需準備與鈔票匣縫合的零錢匣B以及作為掀蓋邊緣的零錢匣C。

18 將零錢匣C疊在零錢匣B的反折邊緣，標記固定位置。

19 配合步驟18的記號，將固定卡片匣C的部分以研磨片磨粗。

20 在步驟19磨粗的部分與卡片匣C的肉面層塗上白膠。

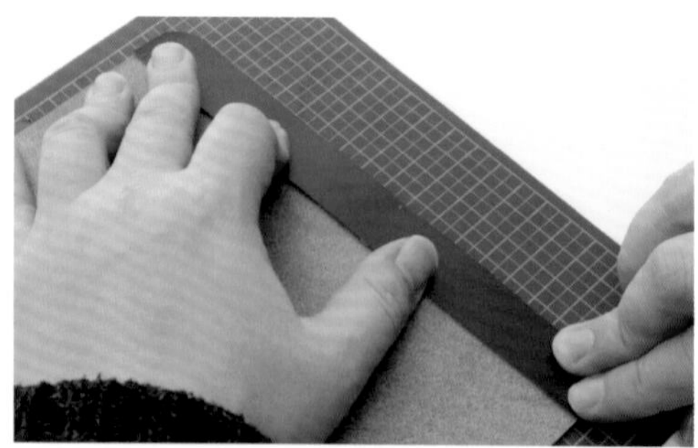

21 對好位置後貼合卡片匣B與C。

22 使用研磨片研磨貼合後的側邊，確保高度一致。

23 在卡片匣C的邊緣畫出寬3mm的縫線記號。

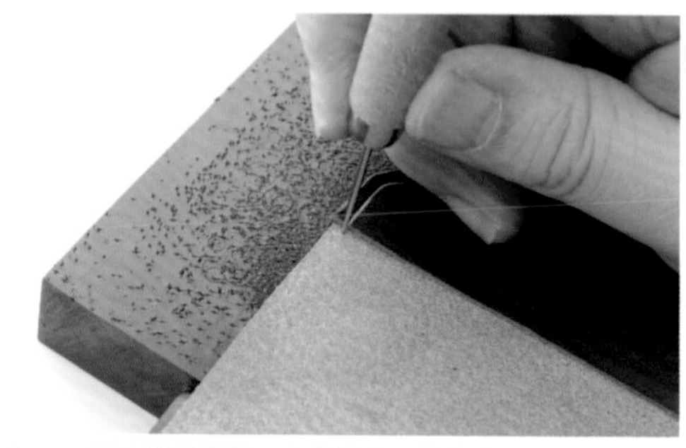

24 配合縫線記號，在零錢匣C的邊緣開基準孔。

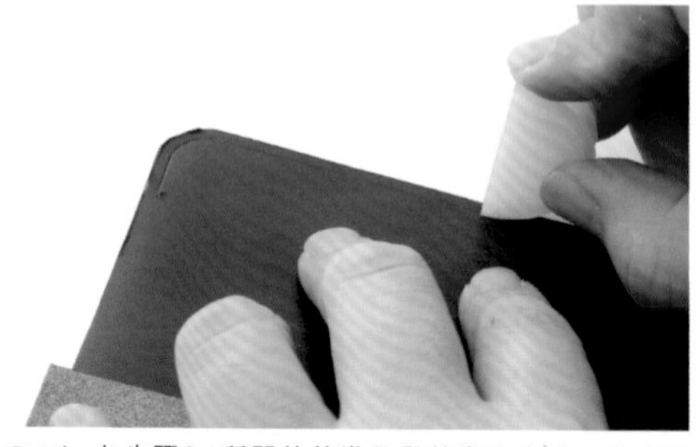

25 在步驟24所開的基準孔與基準孔之間，畫出寬3mm的縫線記號。

26 用菱斬沿著縫線在開孔位置做記號。轉角處需使用雙菱斬。

27 依照預估的位置開孔。

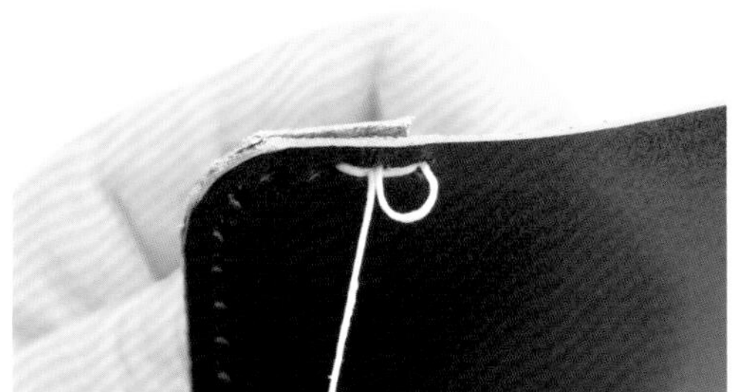

28 從基準點往回數2孔開始回針，零錢匣C的邊緣會出現雙重縫線。

29 以雙針縫的方式，持續縫製到另一側的基準點。

30 已經縫到另一側的基準點。

31 回針結束之後，剩下的線頭穿出內側，使用燒熔的方式收尾。

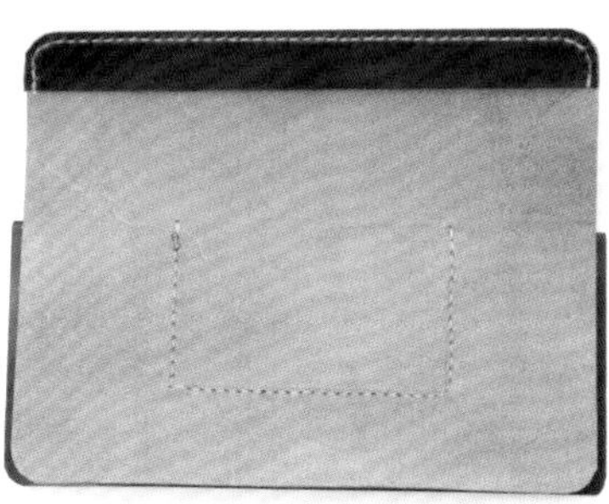

32 零錢匣B與C縫合後的狀態。

零錢匣A與B的縫合

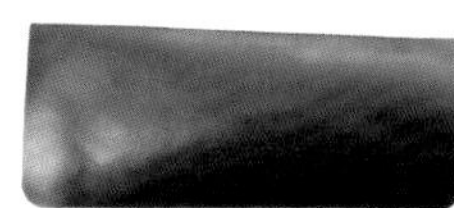

33 準備與鈔票匣、零錢匣C縫合後的零錢匣B以及零錢匣A。

34 將零錢匣A與零錢匣B疊合，在固定位置上標記。

35 以步驟34的標記為基準，在零錢匣B固定A的位置上，刮粗邊緣3mm。

36 零錢匣A除了上緣以外，其餘3邊的肉面層都沿邊緣刮粗3mm並塗上白膠。

37 在步驟35刮粗的部分塗上白膠，貼合零錢匣A與B。

38 側邊對齊之後，使用三用磨緣器長柄部刮壓。

39 在零錢匣A的邊緣，畫出寬3mm的縫線記號。

40 上緣的部分往外移一個菱斬刃的位置做開孔記號。

41 轉角處使用雙菱斬，就可以順利連接開孔位置。

42 鈔票匣的部分不需要開孔，故中間用切割墊隔開。

43 進行開孔。若太用力敲打，切割墊可能會裂開，所以必須控制力道。

44 零錢匣A與B已經開孔的狀態。

45 在零錢匣A的邊緣上，用圓錐開基準孔。

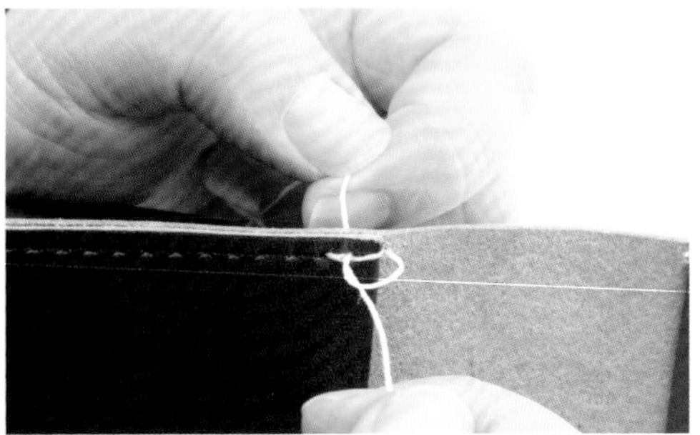

46 從基準孔往回數2孔的位置穿線，回針至基準孔後再進行後續縫製工作。

47 以雙針縫的方式，持續縫到對面的基準孔。

48 縫到對面的基準孔後回針2孔，最後兩條線都必須從內側穿出。

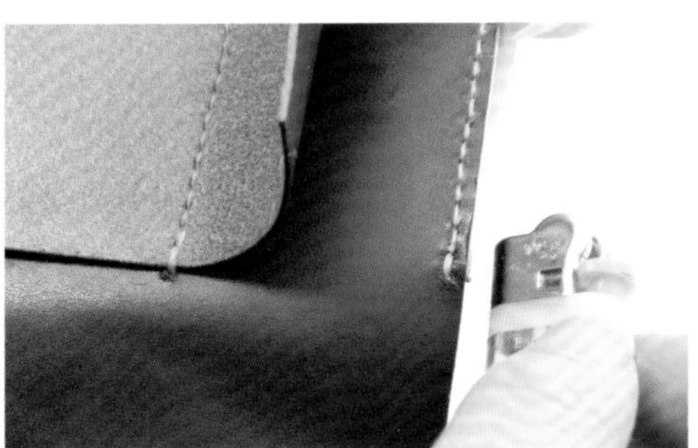

49 將內側的線頭，以燒熔的方式收尾。

50 零錢匣A與B完成縫合的狀態。

51 已經縫合完成的部分，請用木槌中腹敲打，讓針腳更服貼。

縫合完成後的側邊加工

52 縫合完成的部分，以研磨片研磨調整至側邊高度統一。

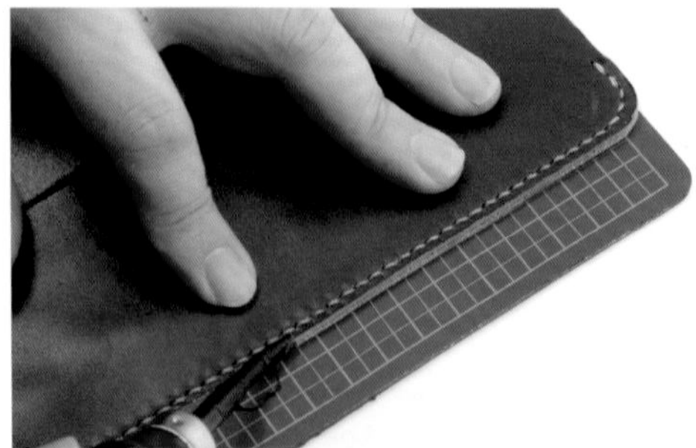

53 側邊高度統一後，使用削邊器導角。照片為零錢匣C內側縫合的掀蓋表面。

54 掀蓋的內側也一樣要導角。

55 零錢匣縫合處也必須導角。

56 導角完成之後，使用研磨片研磨側邊形成半圓形。

57 側邊成形後，塗上染料。

58 掀蓋處沒有縫合的側邊也別忘了上染料喔！

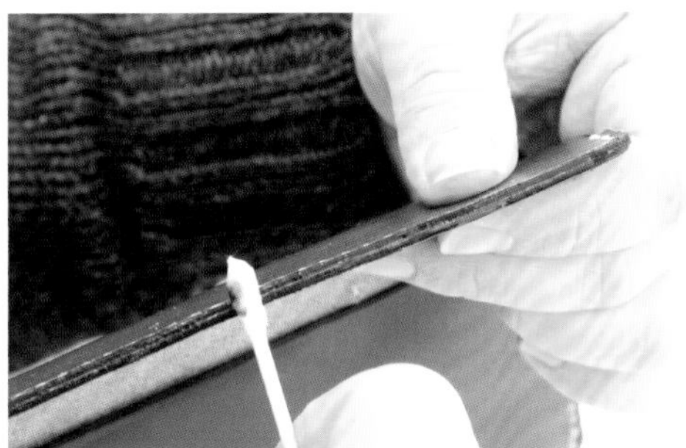

59 在上完染料的側邊，塗抹床面處理劑。

60 塗抹完床面處理劑的側邊，用磨邊帆布研磨。

61 使用三用磨緣器的溝槽繼續研磨。

62 未縫合的側邊若太用力就會彎曲，請小心控制力道。

63 縫合處的側邊只要重複進行步驟51～61，成品就會更漂亮。

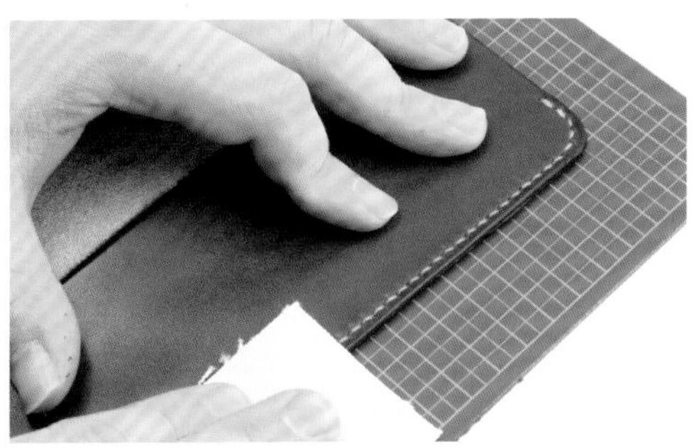

64 最後放在工作臺上，使用磨邊帆布研磨。

65 零錢匣修邊完成的狀態。

固定側面皮料

01 準備零錢匣與鈔票匣合為一體的零件，以及左右兩側的皮料。

02 鈔票匣除了上緣以外的3個邊的肉面層，沿邊緣刮粗3mm左右。

03 側面的皮料也在肉面層沿兩側邊緣刮粗3mm左右。

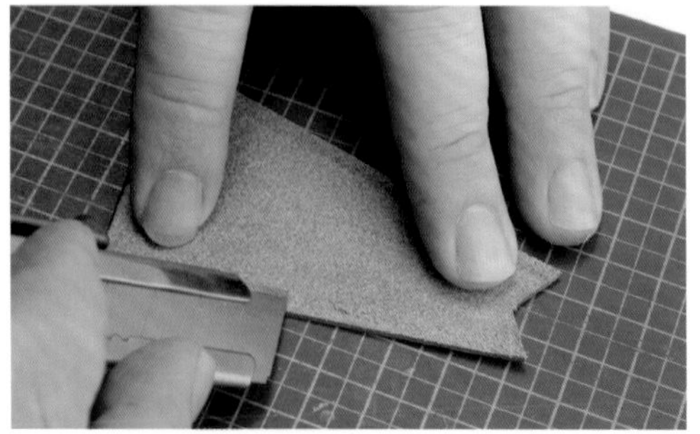

04 側面皮料左右都各有1片，另1片的側面皮料也要沿兩側邊緣刮粗3mm。

05 確認側面皮料貼合位置，在與鈔票匣貼合的那一側塗上白膠。

06 鈔票匣貼合側面皮料的位置也塗上白膠，將兩者貼合。

07 側面皮料與鈔票匣貼合後，在側面皮料的邊緣畫出3mm的縫合線記號。

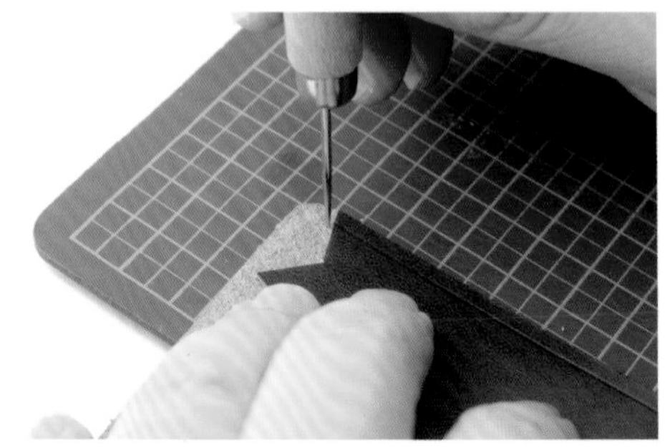

08 對齊縫線記號，在側面皮料下緣開圓孔。

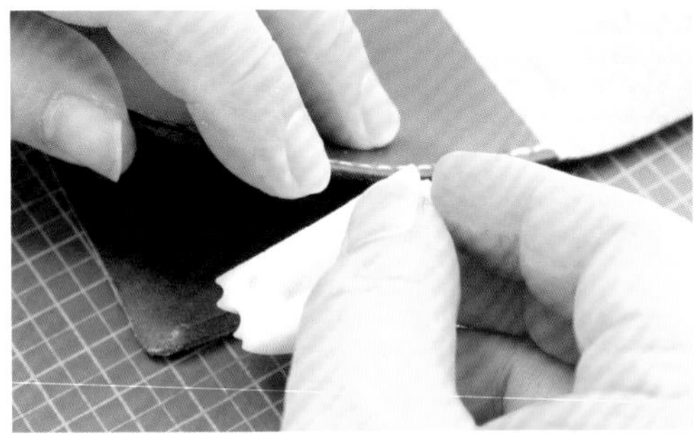

09 把零錢匣掀開，在鈔票匣表面上畫出寬3mm的縫線記號。

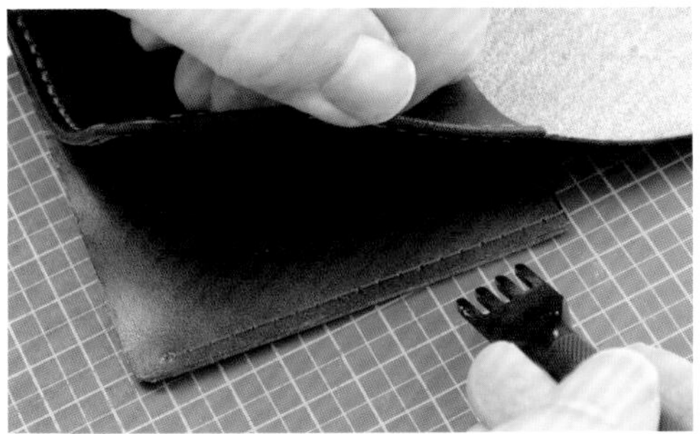

10 鈔票匣的縫線畫到步驟08的圓孔為止，用菱斬在開孔位置做記號。

11 依照步驟10的記號位置開孔。

12 縫合右側的側邊皮料。此處不需要回針，直接把線穿過第1個孔。

13 用雙針縫朝上縫製。

14 縫到最上面的孔之後，在邊緣回針形成雙重縫線。

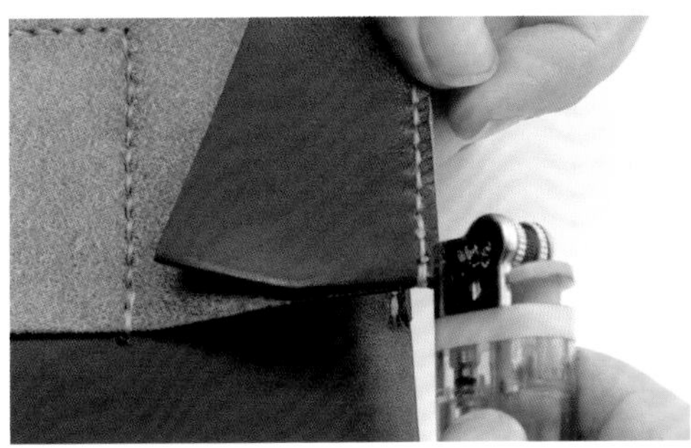

15 線頭都從內側穿出，並以燒熔方式收尾。

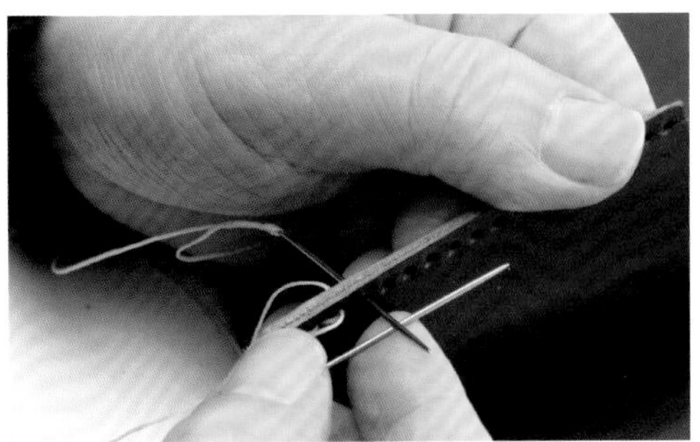

16 另一側的作法不對稱，左側的皮料要由下（靠近自己的一側）往上縫。

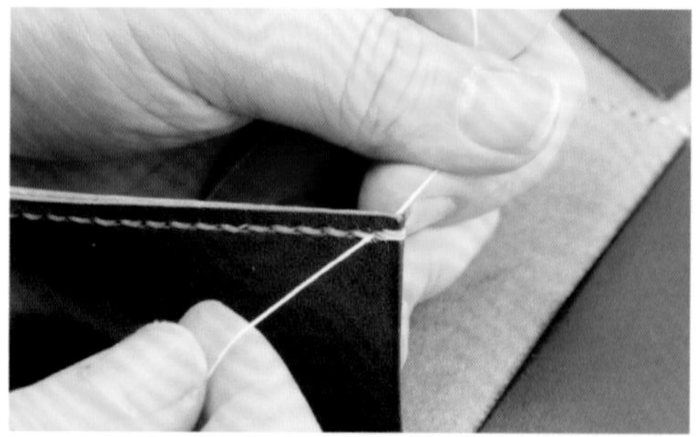

17 與剛才縫合的右側皮料相同，邊緣要用雙重縫線回針收尾。

18 零錢匣完成。

19 從背面看已經完成的零錢匣。側面的皮料在這樣的狀態下就可以和鈔票匣縫在一起了。

本體內裡貼合

本體零件的內側，會貼合薄皮革。內裡的皮革也可以選擇和本體相同的顏色，不過這次嘗試改變顏色，讓皮匣一打開就有亮點。請使用自己喜歡的皮料顏色，創造自己的特色吧！

01 準備本體零件，以及比本體大一圈的內裡皮料。

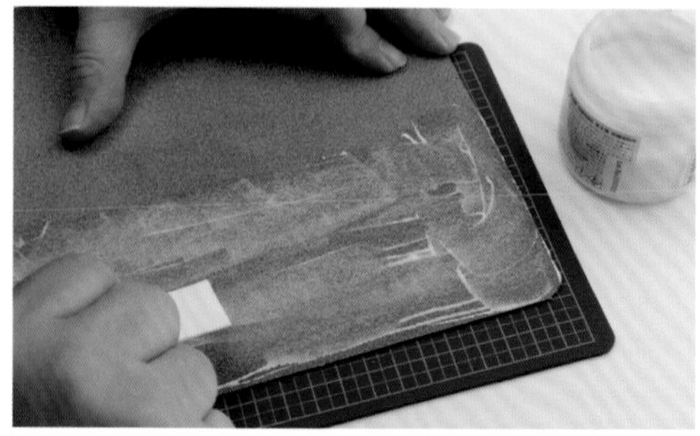

02 在本體肉面層上塗抹半面（確認皮料彎曲的方向，大概從中間分成兩半）白膠。

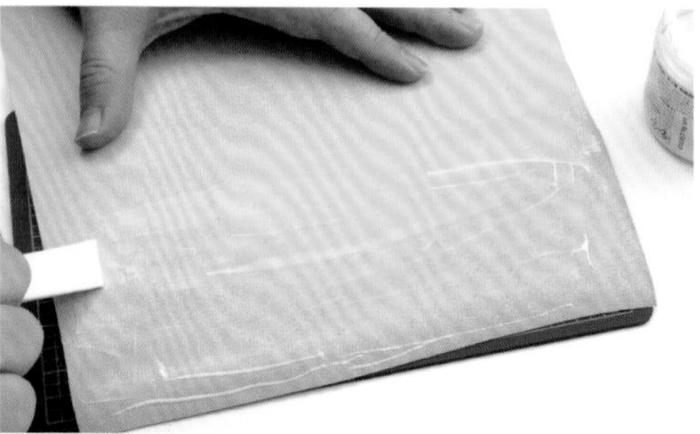

03 貼在內裡的皮料肉面層，也塗上半面白膠。

04 將塗上白膠的部分重疊貼合。

05 當貼合面半乾燥時，將剩下的半面也塗上白膠。

06 內裡剩下的半面也塗上白膠。

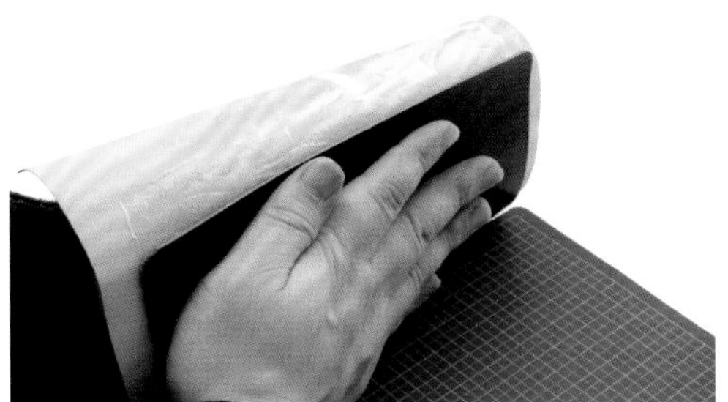

07 將本體皮料從正中間彎曲90度，並貼合內裡。

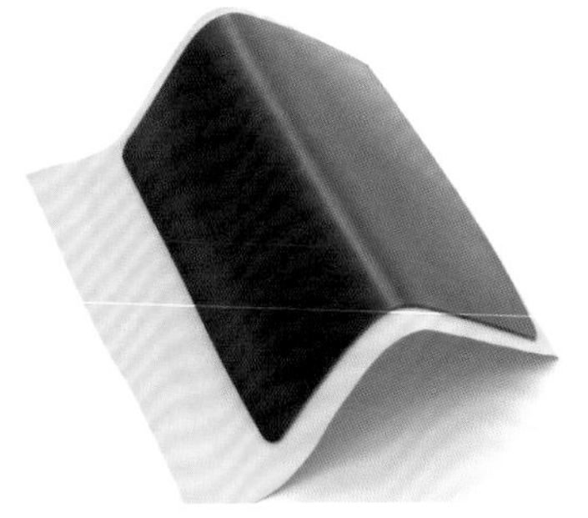

08 在彎曲90度的狀態下，貼合本體與內裡，等待白膠完全乾燥。

09 待白膠乾燥後，配合本體形狀裁切多餘的內裡。

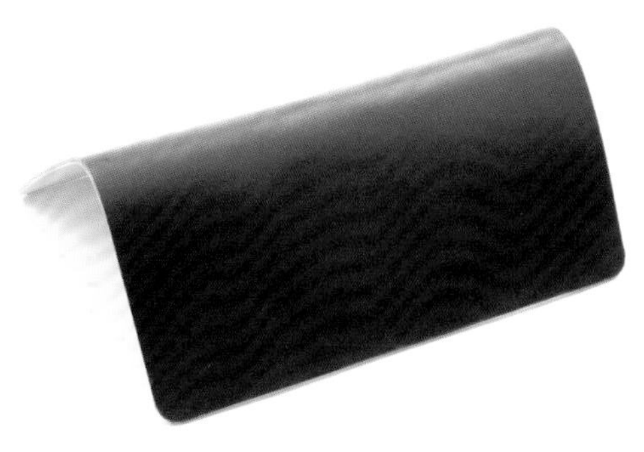

10 此為本體貼上內裡後的狀態。請仔細確認有沒有剝離的部分。

本體與各零件縫合

貼上內裡的本體，必須與另外做好的卡片匣、零錢匣縫合。各零件與本體只要沿著本體周圍縫製即可，但有些部分作業時必須注意高低差。

本體與各零件的貼合

01 準備好本題、卡片匣、零錢匣。

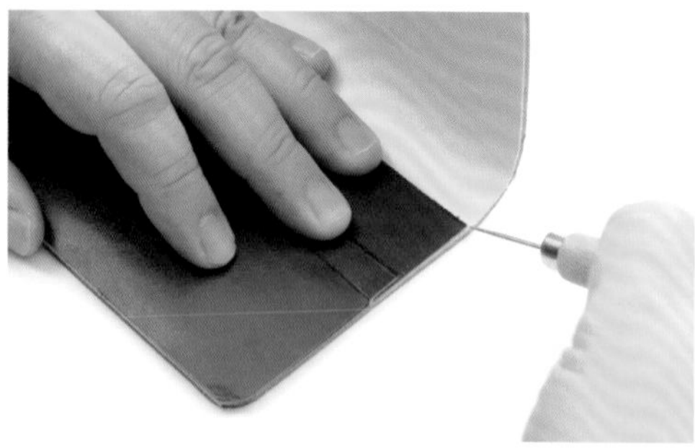

02 將卡片匣疊在本體上，並且在固定位置上標記。

03 將零錢匣背面的側面皮料對折。

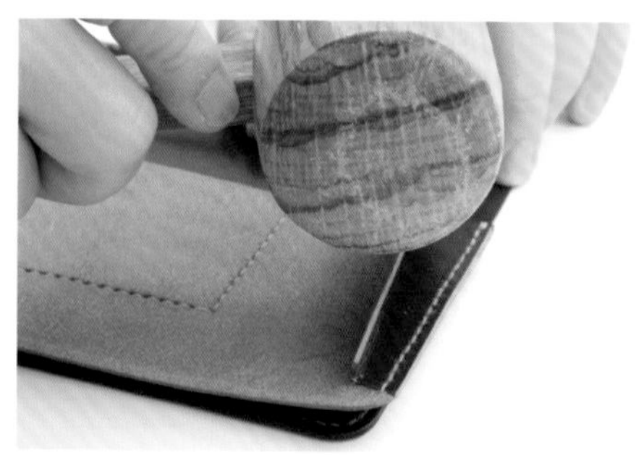

04 為留下側面皮料的對折痕，必須用木槌敲打。

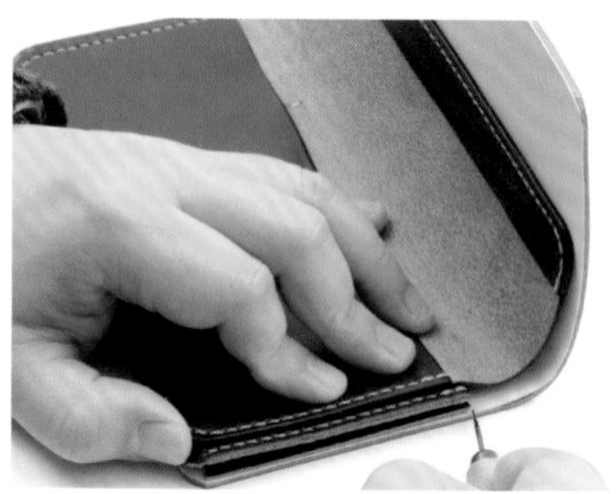

05 對折好側面皮料之後，將零錢匣疊在本體上，並在側邊皮料的上下方標記固定位置。

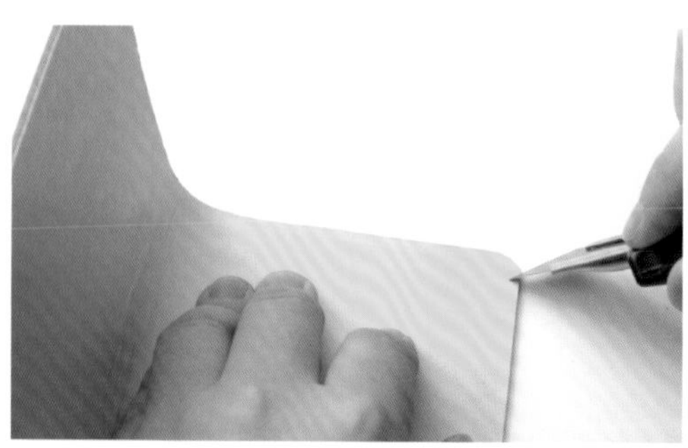

06 以步驟02與05的記號為基準，各零件都在要固定的肉面層沿邊緣刮粗3mm左右。

07 卡片匣除了上緣以外的肉面層，街沿邊緣刮粗3mm。

08 在本體固定卡片匣位置上刮粗的部分塗抹白膠。

09 在步驟07刮粗的卡片匣肉面層塗抹白膠。

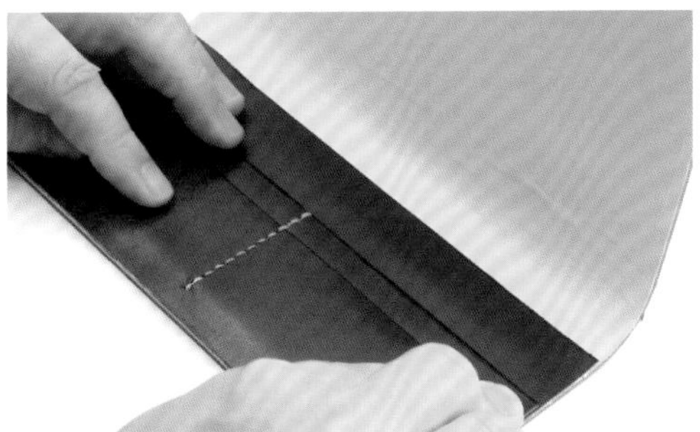

10 對齊位置之後貼合本體與卡片匣，並確實壓緊。

11 只在固定零錢匣位置刮粗，而且貼合側邊皮料的部分塗抹白膠。

12 在左右兩側已經事先刮粗的肉面層上塗抹白膠。

13 對齊左右兩側皮料的貼合位置，與本體貼合。

14 手指伸進空隙壓緊側邊與本體皮料。

15 長夾本體與零錢匣、卡片匣貼合完成。靜置等待白膠完全乾燥。

開手縫孔

16 待白膠乾燥後，使用研磨片研磨已經貼合的側邊，調整至高度一致。

17 在側邊皮料上畫出寬3mm的線。

18 卡片匣上也畫出寬3mm的線。

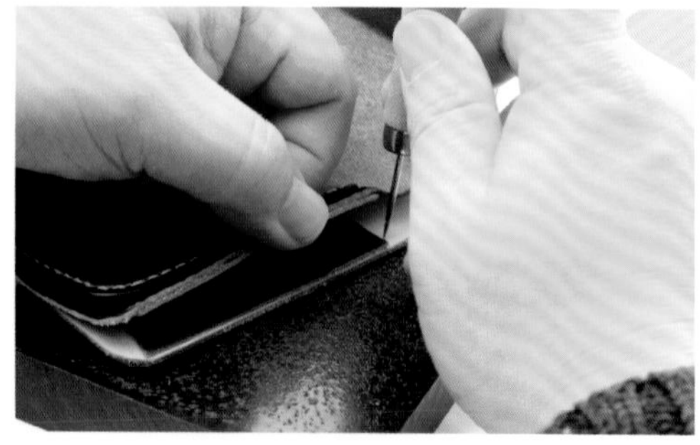

19 對齊步驟17所畫的線，在側邊皮料上下打圓孔。

20 對齊縫線位置，在卡片匣高低差的部分打圓孔。

21 在本體的表面畫出寬3mm的線。

22 在步驟19與步驟20打圓孔的位置，用圓錐從表面刺穿擴大。

23 以剛才的圓孔位置為基準，使用菱斬在預估位置上做記號。

24 調整間隔，並開手縫孔。

25 轉角的部分使用雙菱斬，就可以順利連接開孔位置。

26 為了不讓零錢匣被刺穿，側邊的部分需要夾著切割墊開孔。

縫合鈔票匣下方時，需先確認側邊皮料下方的開孔與本體的開孔是否吻合。

27

縫合本體與各零件

28 長夾本體已經開孔完成的狀態。

29 從側邊皮料最下方的開孔穿線。這個步驟中，縫線只穿過本體的開孔。

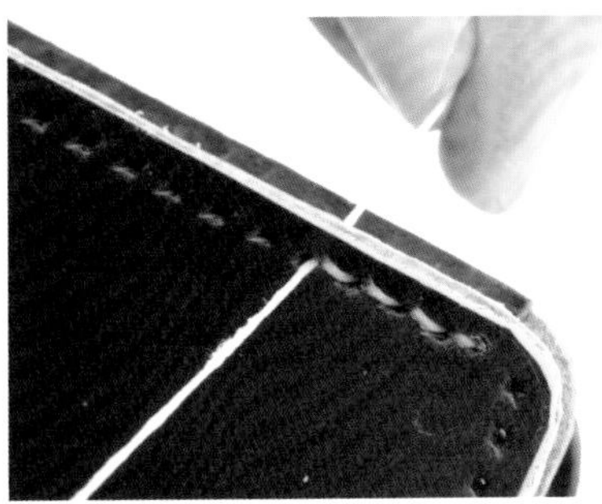

30 使用雙針縫開始縫製。

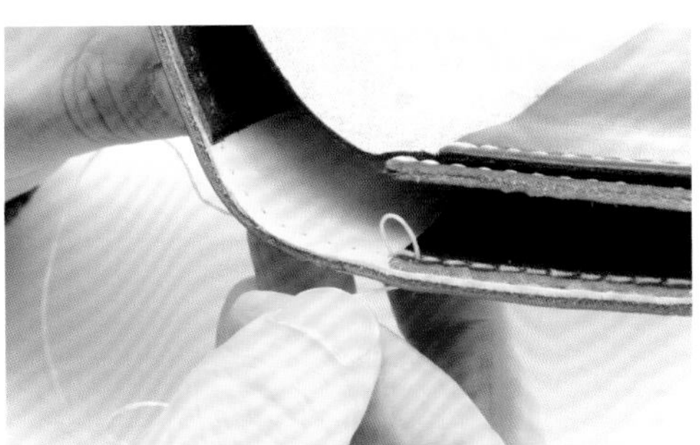

31 在側邊皮料有高低差的位置，要用雙重縫線收尾。

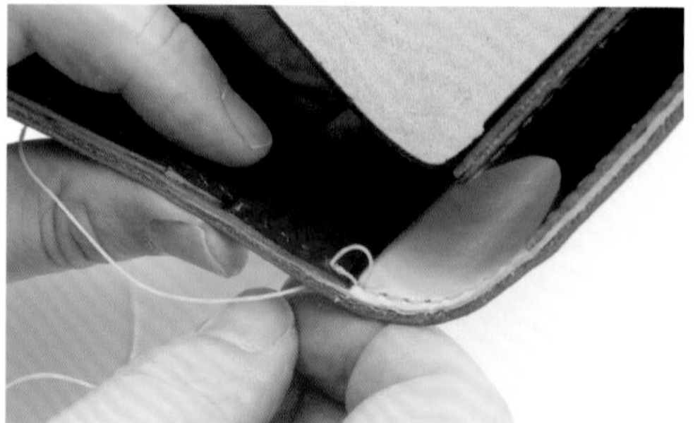

32 在卡片匣有高低差的位置，也要分別用雙重縫線收尾。

33 縫到起頭處與另一側皮料下方時，將縫線從內側穿出並暫停縫製。

34 在鈔票匣底部開口處塗上白膠。

35 對齊手縫孔的位置，將鈔票匣的開口密封貼合。

36 在步驟33縫線已經由內側穿出，接著從表面將縫線穿至鈔票匣。

37 將縫線確實拉緊，並縫合鈔票匣底部。

38 縫到另一側的側邊皮料下緣時須回針固定。

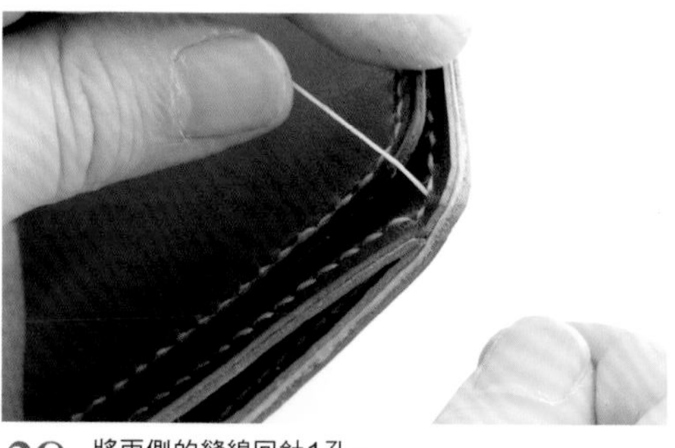

39 將兩側的縫線回針1孔。

40 表面的線多回針1孔，縫製結束後縫線皆由內側穿出。

41 留下2～3mm的縫線其餘剪除，用打火機燒熔固定。

42 將燒熔的線頭用打火機前端壓緊固定。

43 各零件與本體縫合完成的狀態。

44 從內側拍攝的狀態。至此，長夾的基本形狀已經完成。

45 用木槌中腹敲打針腳，讓針腳更服貼。

研磨側邊

因為全部的零件都已經縫合完成，長夾已經成形，最後必須研磨縫合完成的側邊。這道最後的研磨手續會左右整個作品的完成度，必須確實操作。

01 使用研磨片研磨側邊，調整形狀。

02 使用削邊器從表面導角。

03 側邊皮料的部分也要導角。

04 也必須從本體內側導角。

05 將導角完成的側邊用研磨片研磨，形成半圓形。

06 在側邊塗抹染料，塗抹時要小心別讓染料沾附到表面。

07 有貼上內裡的部分要特別小心，染料過多會滲到表面。

08 中間夾層有內裡的部分要確實染色，以免出現色差。

09 在染色完成的側邊塗抹床面處理劑。

10 側邊塗抹完床面處理劑後，用帆布研磨。

11 使用三用磨緣器做最後處理。重複步驟05～11，製作出完美的側邊吧！

完成

簡單又富有功能性的基本型長夾

以這種基本型為基礎，可以在零錢匣上裝四合釦或者用皮帶固定本體等，嘗試做出不同變化喔！

就用這款長夾學會皮革工藝的基本技巧吧！

這款長夾，需要製作皮夾的必備基本技術。學會皮革工藝的基本技術之後，後續就是基本型的變化，可以繼續精進學習。先學會依照紙型製作作品，再慢慢加上一點變化吧！最後，一定可以做出原創作品。

範例使用Craft公司販售的1mm與1.5mm BUONO單寧鞣革，作品依據使用的皮料顏色與種類不同，樣貌也會有大幅改變，完成1個之後，請試著挑戰自己專屬的長夾吧！

沒有人一開始就能做出像市售一樣完美的長夾。多做幾個之後，應該就會慢慢掌握皮革的特性與縫製方法，也會越來越上手。就算剛開始製作的作品做得不好，之後也能重新審視這個作品，找出缺點以及改善方式，以便下一次製作作品時能夠運用。

POUCH
拉鏈包款長夾

拉鏈包款長夾是具有錢包功能性的簡約款式。鈔票匣與卡片匣分別獨立，可以單獨取出。能夠容納6吋大小的手機與銀行存摺，可以當作輕便小包使用。

製作＝高田壽子（NASUKONSHA）／攝影＝小峰秀世

PARTS 材料　本體使用的皮料，建議使用皺紋革等偏軟的皮革。

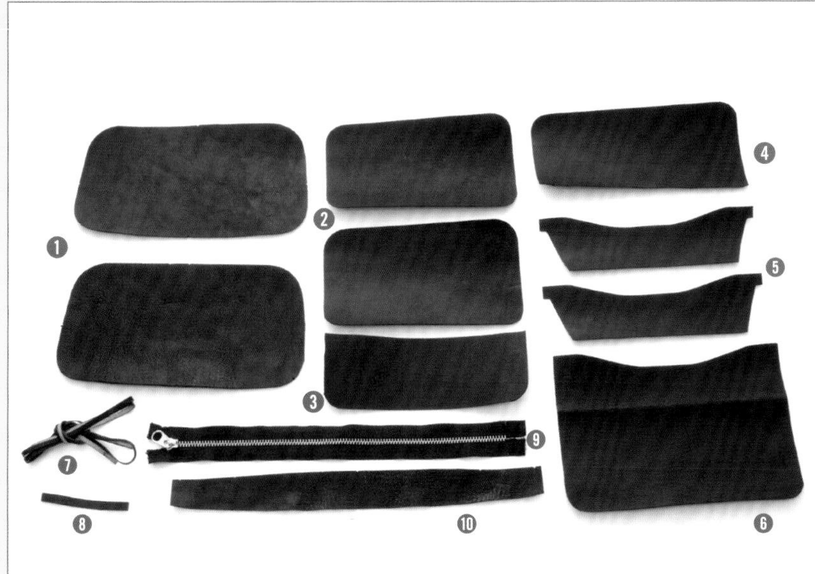

1. **本體**：單寧鞣革牛皮／厚2mm×2
2. **零錢匣**：單寧鞣革牛皮／厚1mm×2
3. **零錢匣口袋**：單寧鞣革牛皮／厚1mm
4. **卡片匣B**：單寧鞣革牛皮／厚1mm
5. **卡片匣A**：單寧鞣革牛皮／厚1mm×2
6. **卡片匣C**：單寧鞣革牛皮／厚1mm×2
7. **牛皮繩**：寬3mm×50cm
8. **拉鏈把手**：單寧鞣革牛皮／厚1mm
9. **拉鏈**：280mm
10. **側邊皮料**：單寧鞣革牛皮／厚2mm

TOOLS 工具　因為使用內縫法縫製，貼合主要使用橡皮膠。

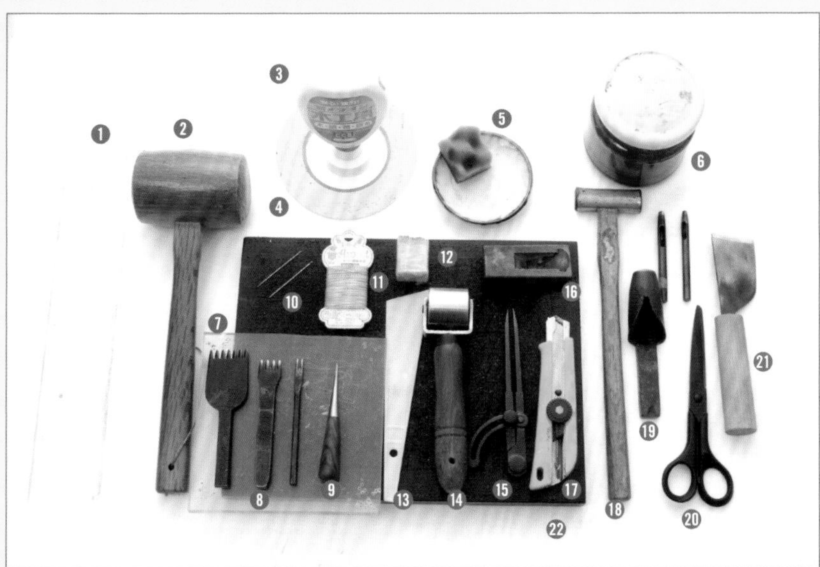

1. 直尺
2. 木槌
3. 木工用膠
4. 雙面膠：寬3mm
5. CMC・海綿
6. 橡皮膠
7. 塑膠板
8. 菱斬：7頭／4頭／2頭
9. 鑽孔器
10. 手縫針
11. 手縫線
12. 線蠟
13. 上膠片
14. 滾筒
15. 間距規
16. 刨刀
17. 美工刀
18. 鐵鎚
19. 圓斬：7號（直徑2.1mm）／10號（直徑3mm）／70號（直徑21mm）
20. 剪刀
21. 裁皮刀
22. 膠板

製作本體背面

本體背面的內側有零錢匣。外側裝有小口袋。口袋由本體上的長孔與縫製在內側的零錢匣結合而成。

01 準備本體背面、零錢匣、口袋皮革。

各零件的事前處理

02 將背部零件的肉面層周圍削薄10mm。

CHECK

將本體背面的肉面層削薄至此狀態。

03 在本體背面開口袋的兩端，用15號圓斬開孔。

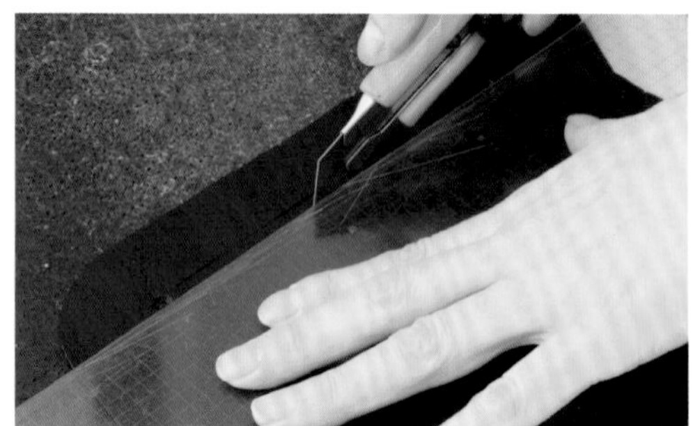

04 將步驟03開的孔洞之間裁去，形成長孔。

05 將零錢匣正面對齊紙型裁切。也可以使用適合的圓斬裁切。

06 零錢匣側邊塗上CMC床面處理劑。

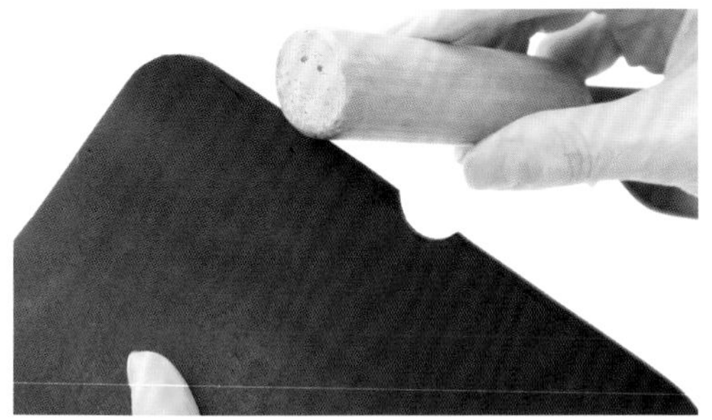

07 研磨塗上CMC的側邊。

在步驟04開好的長孔內側側邊、口袋上緣的側邊也塗上CMC並研磨。

08

CHECK

本體背面的零件，完成事前準備的狀態。紅色部分是已經研磨好的側邊。

本體背面與零錢匣背面零件縫合

09 在口袋開口上緣，貼上寬3mm的雙面膠。

10 將零錢匣背面的零件正面與本體背面的肉面層貼合。

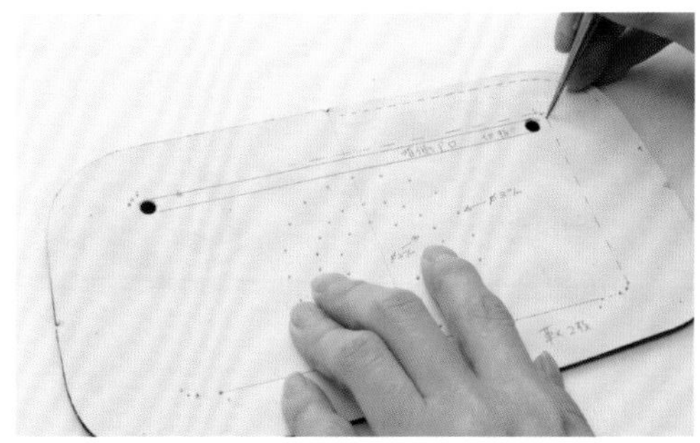

11 對齊紙型，在縫合基準點做記號。

12 連結基準點與基準點，在本體背面的皮革上畫出零錢匣的縫線位置。

13 對齊縫線位置，用菱斬開手縫孔。

14 轉角處使用雙菱斬開孔。

15 零錢匣開完手縫孔的狀態。

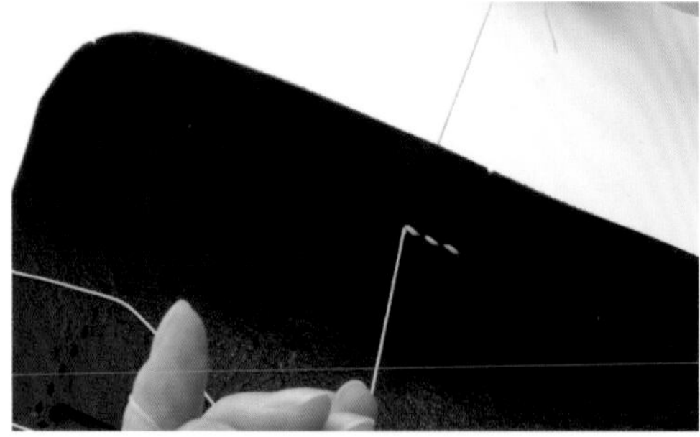

16 縫合零錢匣。

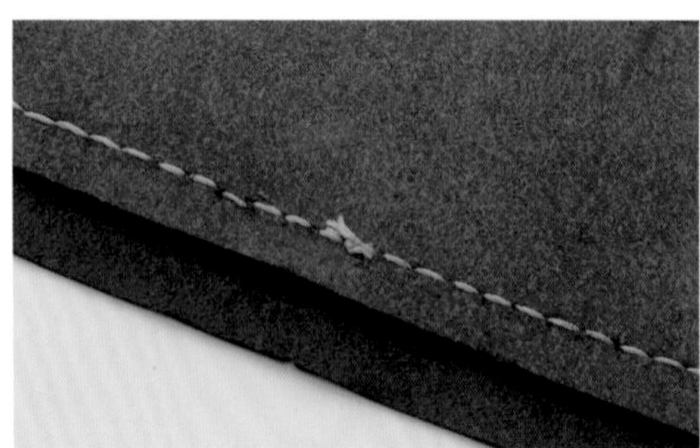

17 縫合結束的部分需用雙重縫法，縫線由內側穿出，綁緊固定之後將剩餘的線剪掉。

縫合零錢匣

18 零錢匣正面的皮革表面，配合口袋高度將邊緣磨粗3mm左右的寬度。

19 在零錢匣步驟19磨粗的部分塗上橡皮膠。

20 口袋側邊與底邊的肉面層也磨粗3mm，並且在上面塗抹橡皮膠。

21 在零錢匣的正面貼上口袋。

22 零錢匣正面與口袋貼合完成的狀態。

在零錢匣正面的皮革背後貼合位置上塗抹橡皮膠。

23

24 在零錢匣背面皮革上與正面皮革貼合的位置也塗抹橡皮膠。

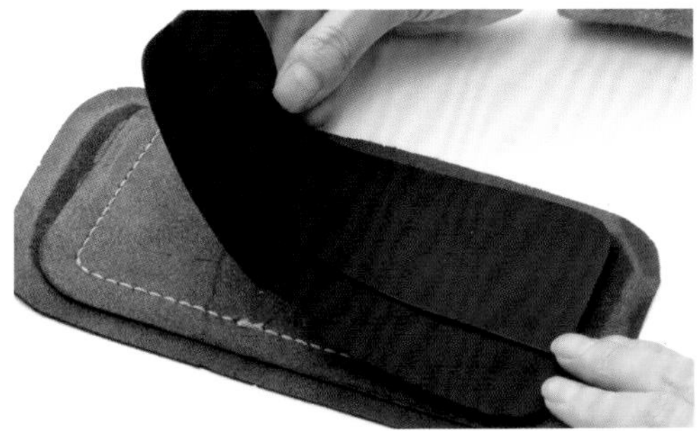

25 對齊位置貼合零錢匣的正面與背面。

26 對齊位置之後，用滾輪壓緊。

POINT

27 畫出寬3mm的縫線位置，注意避開高低差的部分，用菱斬打上手縫孔記號。

28 為了不在本體上開孔，必須把皮革掀起，使用膠板邊緣開縫線孔。

29 從側邊開孔至底邊。

30 零錢匣開孔完成的狀態。

31 第1針回針之後再開始縫製。

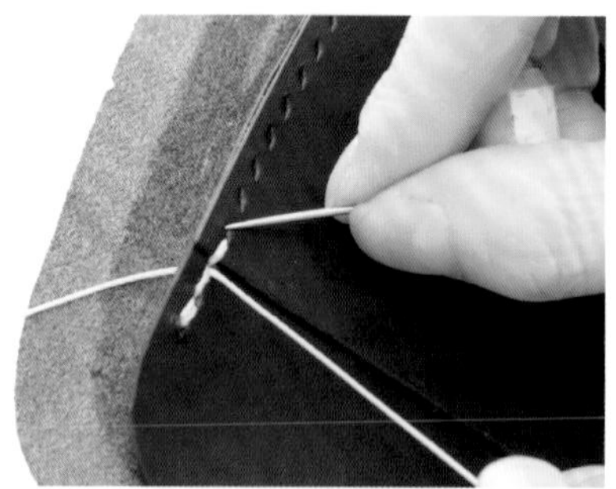

32 在口袋有高低差的部分用雙重縫線補強。

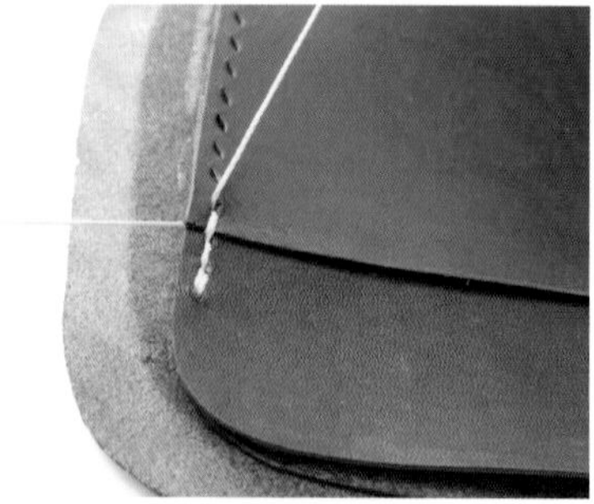

33 縫合零錢匣周圍至對面頂端的開孔。

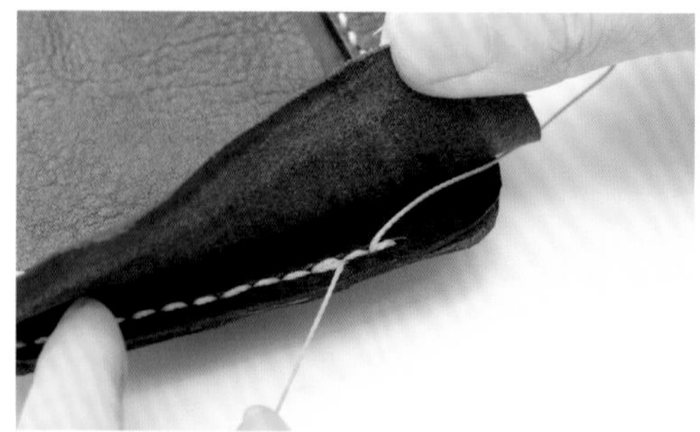

34 縫合至對面頂端的開孔後回針，將縫線從背面穿出。

POINT

35 將穿出背面的縫線打結固定。

36 將針腳多餘的縫線剪除。

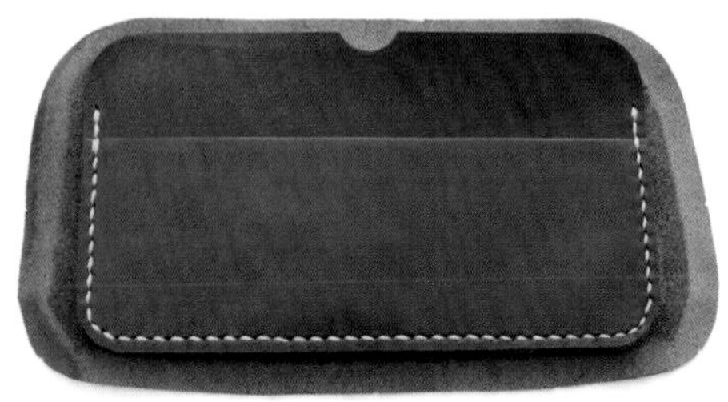

37 完成本體背面的部分。

製作本體正面

本體正面使用皮繩編織。看起來很複雜，但其實只是重複相同步驟，並記得作法就不會花太多時間。

01 準備本體正面皮料與皮繩。

在本體上開孔

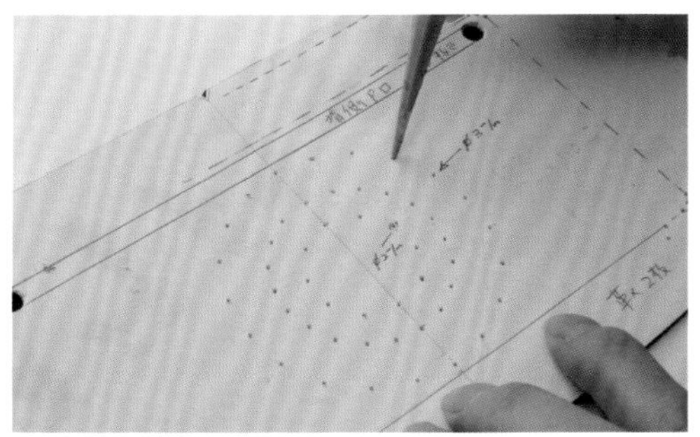

02 將紙型對齊正面皮料，在開孔的位置做記號。

03 配合步驟02的記號，使用7號與10號圓斬開孔。只有最內側的開孔使用7號圓斬。

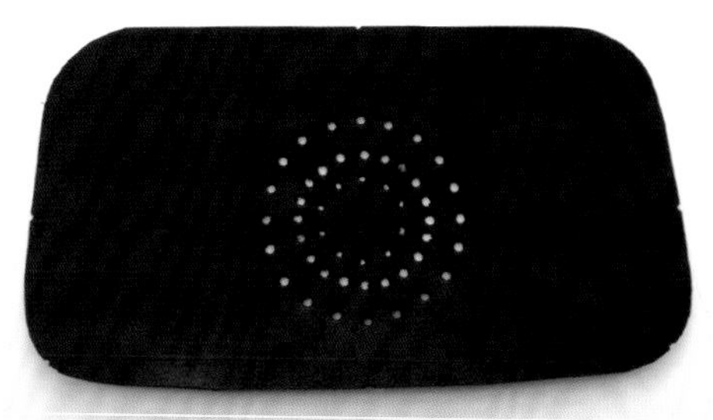

04 正面皮料開孔後的狀態。

準備皮繩

05 用手觸摸皮繩的肉面層，確認毛流方向。

06 皮繩穿過孔洞時，順著肉面層的毛流斜向裁斷。

POINT

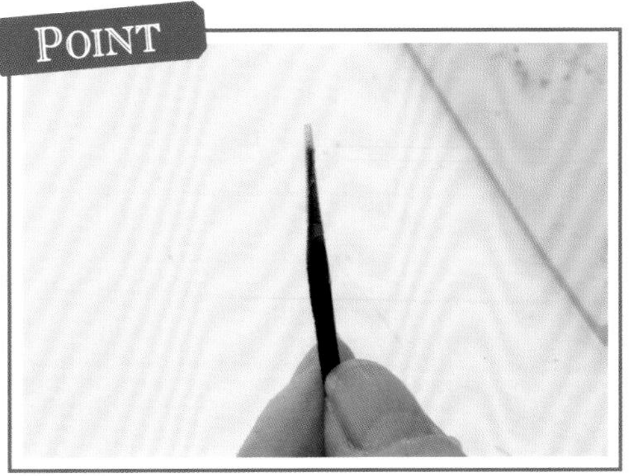

07 皮繩前端用透明膠帶包覆。

皮繩編織

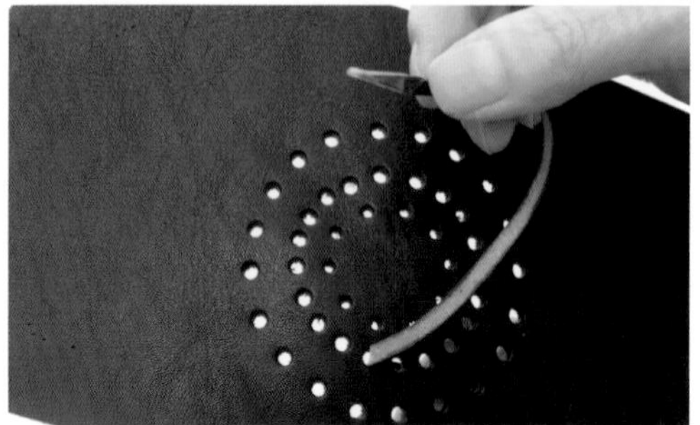

08 從中間列的孔洞內側穿出皮繩。

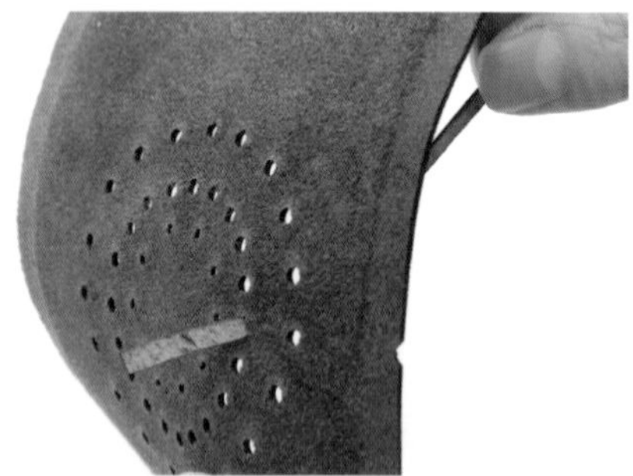

09 在肉面層預留20mm左右的皮繩，剩下的都拉到正面。

10 將拉到正面的皮繩從最外圈向前1個的孔洞穿過。

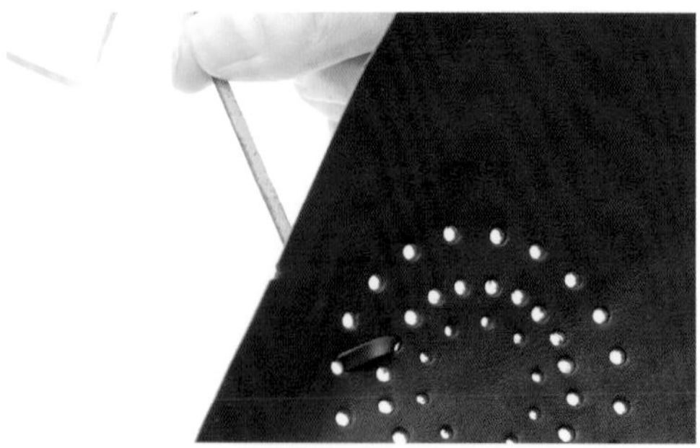

11 將皮繩拉到背面之後，就會呈現這樣的狀態。

12 接著將皮繩從內側穿到最外圈向前1個孔洞。

13 將皮繩從步驟12最初穿過的前2個孔洞穿進去。

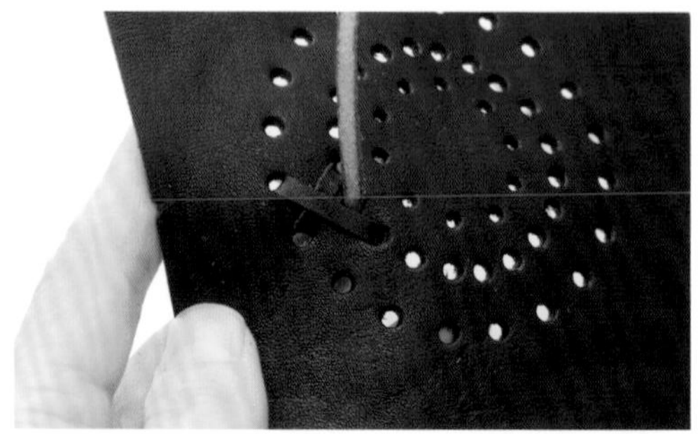

14 再從前1個孔洞穿出來。這是第2輪最初的狀態，基本上與步驟08一樣。

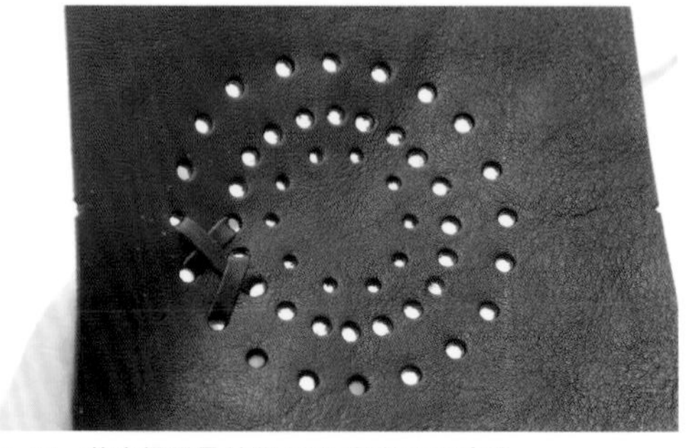

15 將皮繩從最外圈向前1個的孔洞穿過。

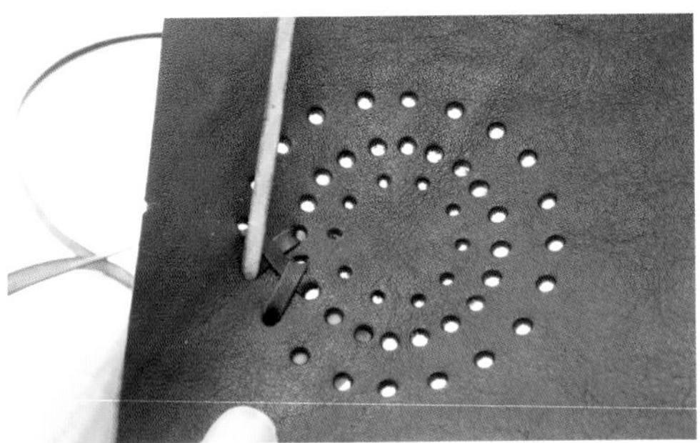

16 接著將皮繩從背面穿到最外圈向前1個孔洞。這個動作與步驟12一樣。

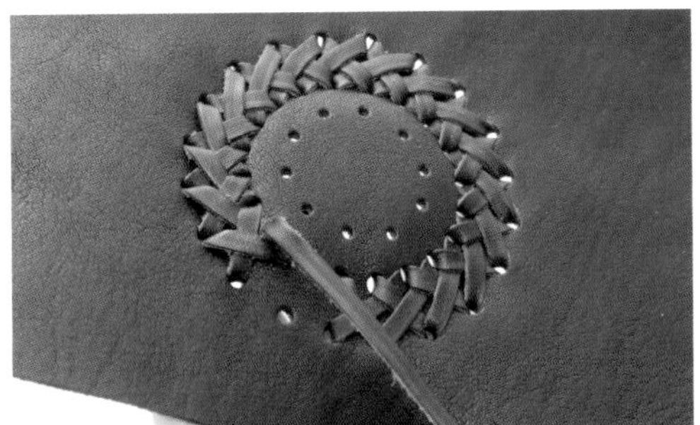

17 重複步驟8～13，編織一圈。

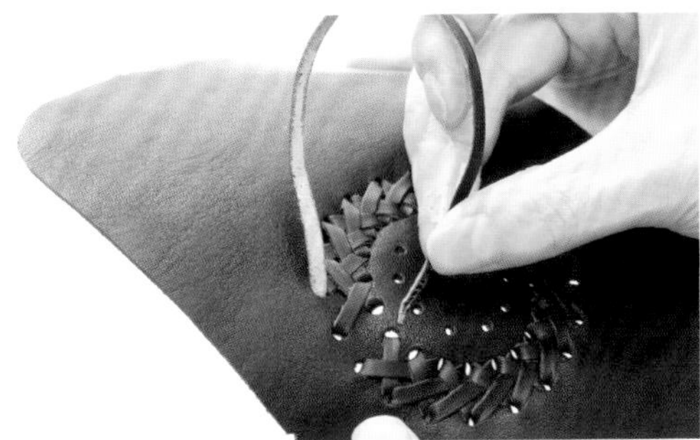

18 穿到最後1個孔的時候，將皮繩穿過最初通過的孔洞。

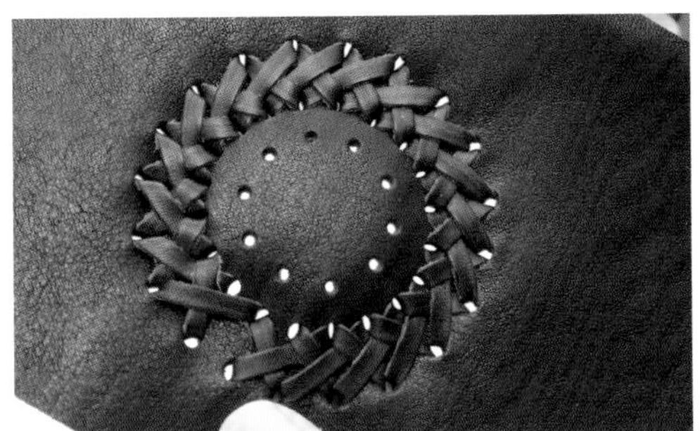

19 在步驟19的狀態下，拉緊皮繩就會如圖所示。

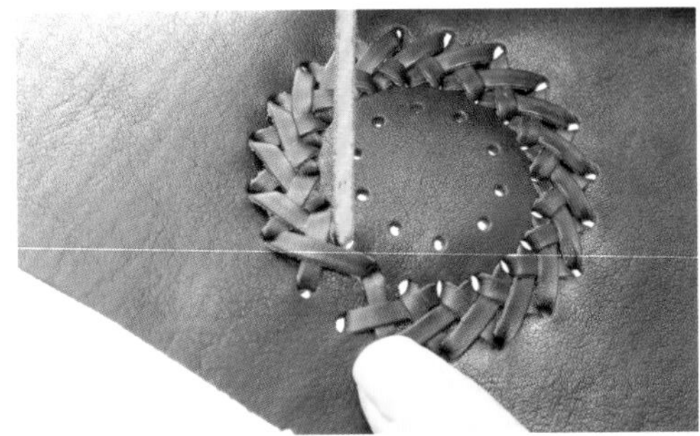

20 將皮繩從內側往中間列的前1個孔穿出。

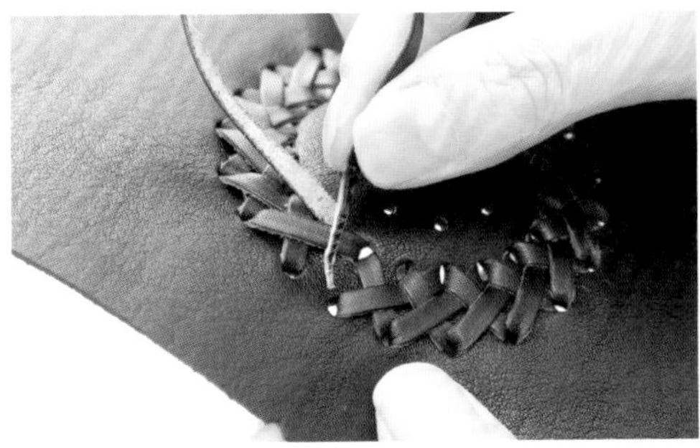

21 在步驟20的狀態下，將皮繩從內側穿到最外圈向前2個孔洞。

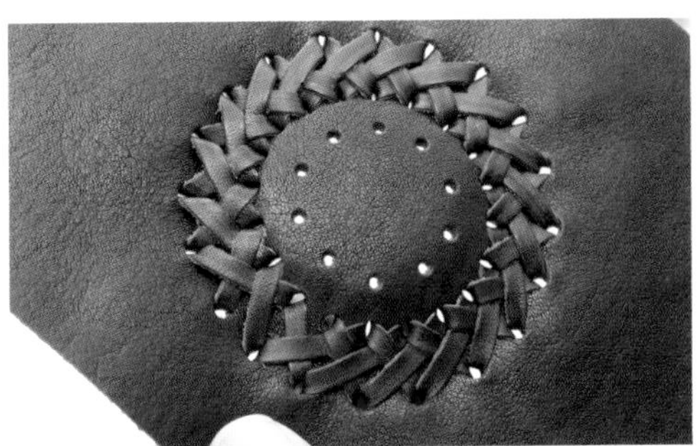

22 在步驟21的狀態下，拉緊皮繩就會如圖所示。

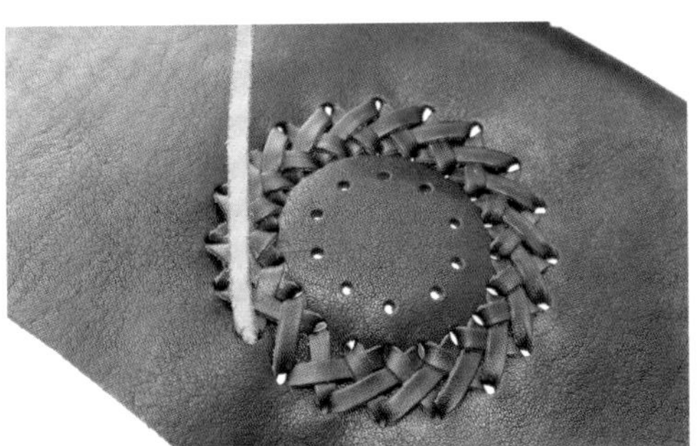

23 從內側往前1個孔洞穿出。

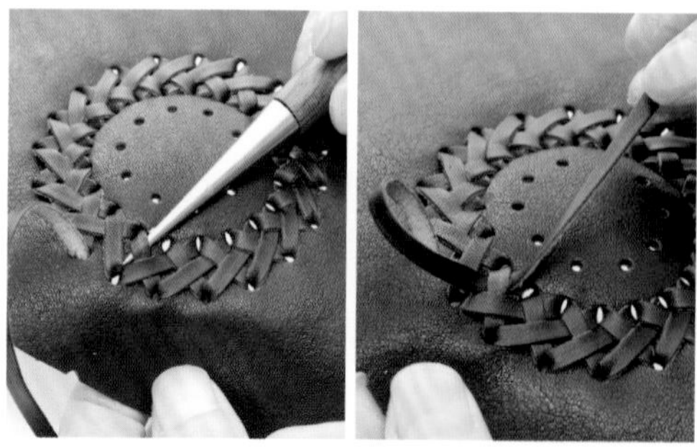

24 在照片中的位置上插入鑽孔器，騰出空間穿過皮繩。

25 皮繩穿過前方之後，再從穿出位置下的孔洞穿過。

26 穿出內側的皮繩，如照片所示穿過背面的皮繩圈。

27 前端使用木工用膠黏貼固定。

28 皮繩黏貼完成之後，剪掉多餘的部分。

29 用鐵鎚從內面敲打，讓編織處服貼。

30 如此便完成本體正面的零件。

製作側邊

側邊是由28mm的拉鏈與皮革零件組成。皮革零件兩端須向內折之後再縫合拉鏈，如此便能完成紮實的作品。

製作側邊

01 準備側邊的零件與拉鏈。

02 將側邊零件的短邊肉面層削薄20mm左右。

03 在步驟02的部分塗上橡皮膠。

04 將短邊向內折10mm。

05 向內折的部分用滾輪壓緊。兩端皆須進行這道手續。

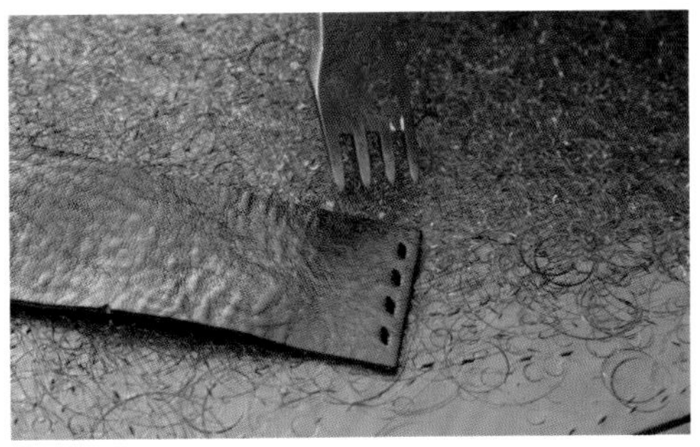

06 內折的部分在邊緣3mm的位置開孔。

POINT

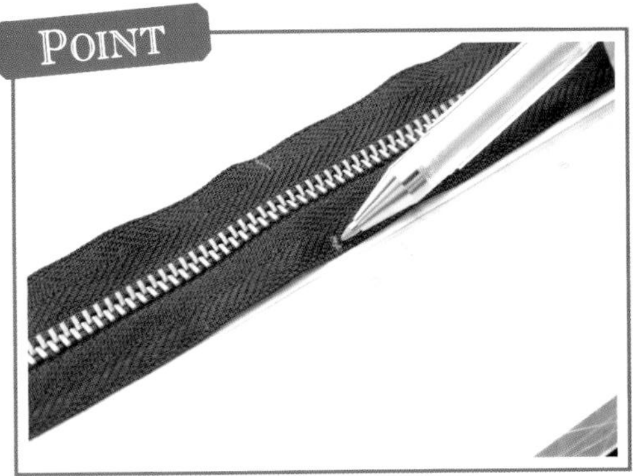

07 在拉鏈的中心位置用銀筆做記號。

08 在側邊內面開孔前貼上寬3mm的雙面膠。

09 對齊側邊皮料邊緣位置，與拉鏈貼合。

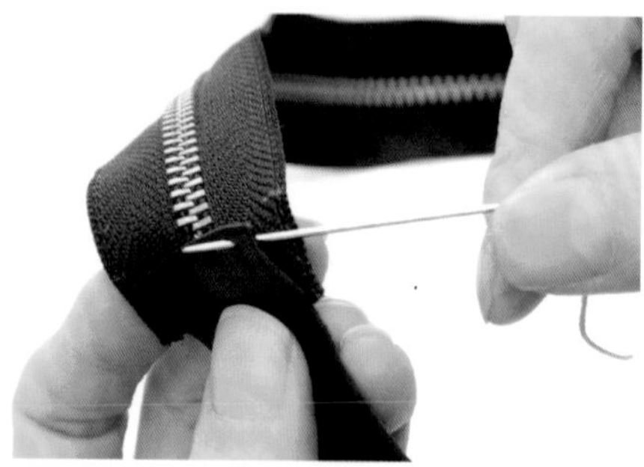

10 準備針線，如照片所示從側邊皮料內側穿針。

11 縫合至另一端的開孔。

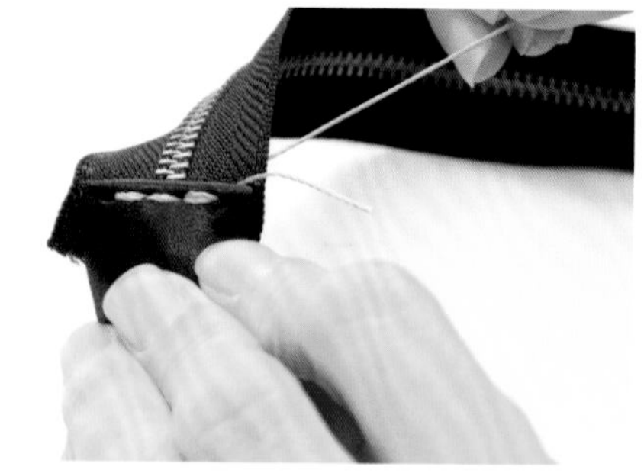

12 縫到最後1個開孔時，再往後回針到最初穿針的孔。

13 線頭像剛開始一樣，從側邊皮料與拉鏈之間穿出，最後打結固定。

14 側邊皮料與拉鏈縫合的狀態。另一側也用相同方法縫合。

裝上拉鏈把手

15 在80×5mm的皮革肉面層塗上橡皮膠。

16 將皮革穿過拉鏈頭上的扣環，將肉面層貼合。

17 貼合的部分使用鐵鎚壓緊。

18 兩端各保留10mm，在皮革正中央裁切一條線。

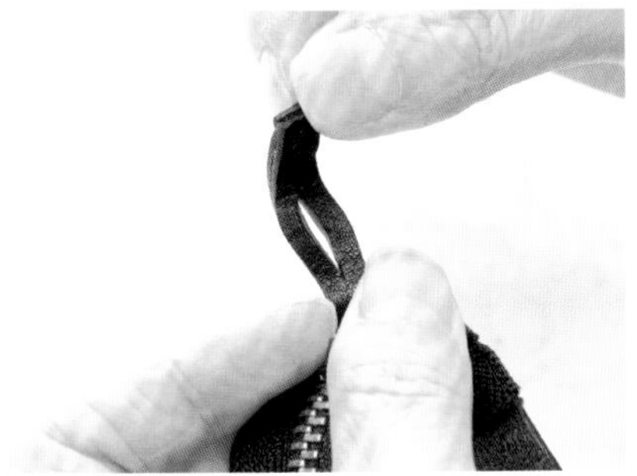

19 從前端往內折，穿過裁切孔。

20 穿過2次之後，就會形成圖中狀態。

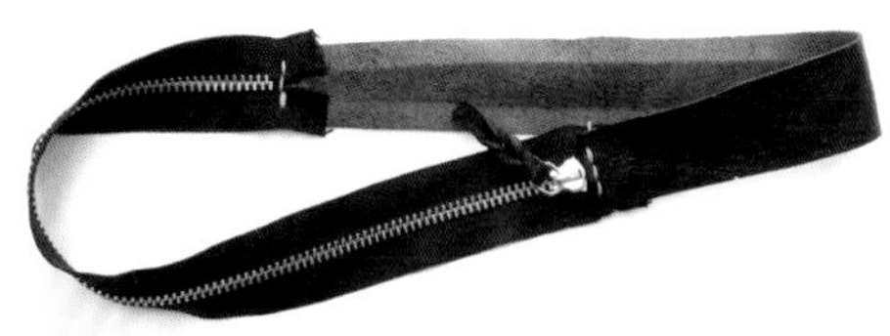

21 側邊暫時在這個狀態下完工。

縫合本體零件

本體與正面、背面、側邊縫合，製作長夾本體。側邊與本體為內縫，貼合時須注意不要貼錯方向。

各自完成組合的正面、背面、側邊零件。

01

縫合背面與側邊

02 在背面的皮料表層周圍貼上3mm的雙面膠。

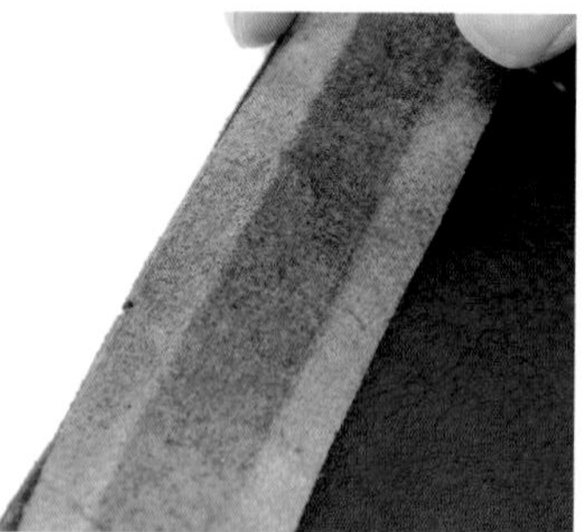

03 將側邊皮料的中心對齊背面皮料下緣的中心，依序貼合。

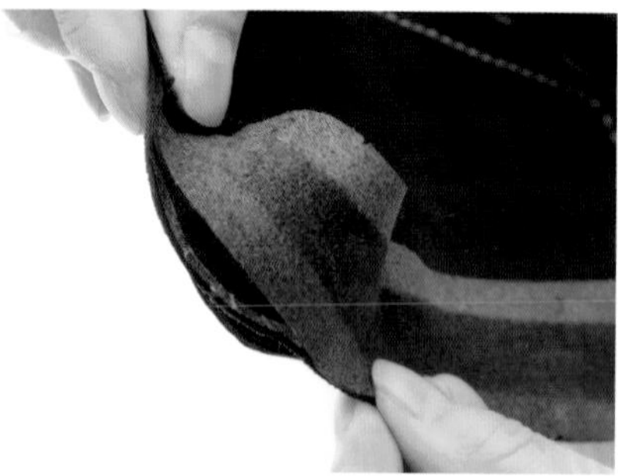

04 轉角的部分最後貼合，先沿著底邊貼合側面。

POINT

05 本體上緣的中心位置須對齊拉鏈的中心位置貼合。

06 最後剩下轉角的部分，沿著本體邊緣貼合。

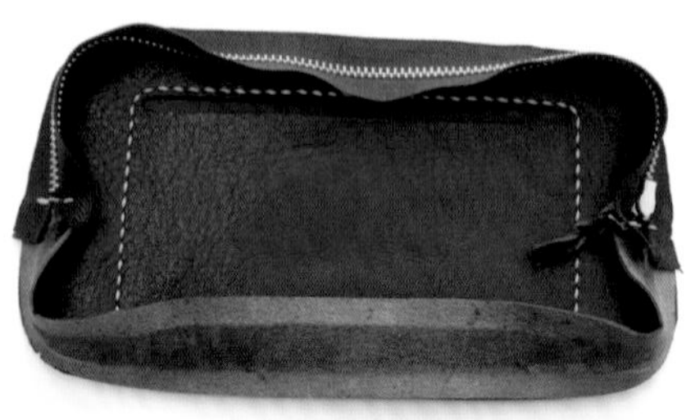

07 側邊與本體背面皮料貼合完成的狀態。

08 在與側邊貼合的本體周圍畫上寬3mm的縫線記號。

09 對齊步驟08的縫線記號，用菱斬在開孔位置做記號。

10 隨意選擇一處開始縫製。本範例從拉鏈端開始縫製。

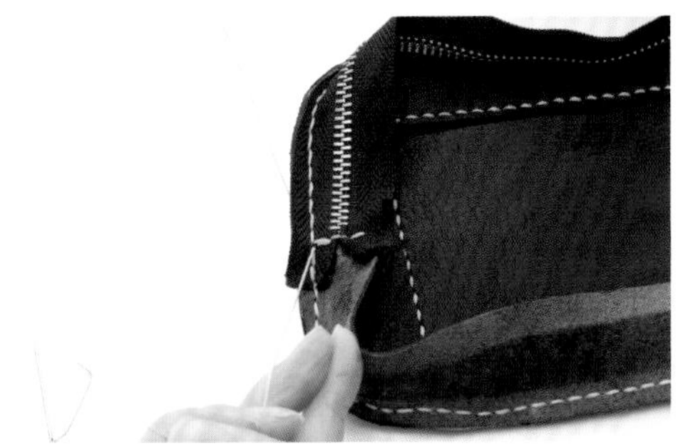

11 縫合本體周圍一圈。

POINT

12 回針1孔，線頭從拉鏈與側邊之間穿出。

13 在拉鏈與側邊皮料之間，將縫線用打結的方式固定收尾。

14 打結固定之後剪去多餘縫線。

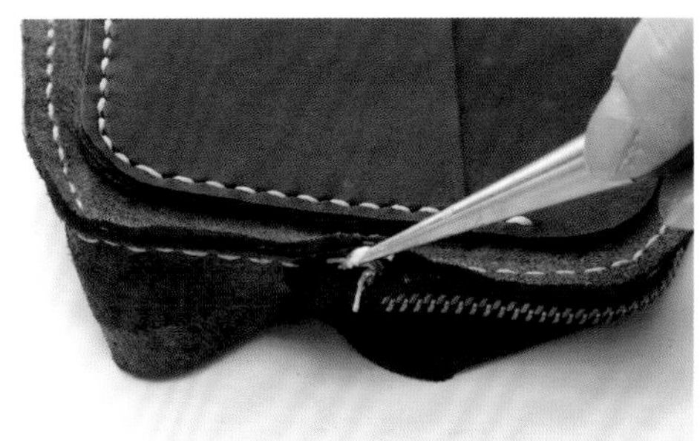

15 在線頭部分塗上木工用膠。

16 縫合處用滾輪按壓，鬆開針腳。

17 針腳鬆開之後，將側邊翻到正面確認縫合狀況。

縫合正面與側邊皮料

18 在正面的皮料表面周圍，貼上寬3mm的雙面膠。

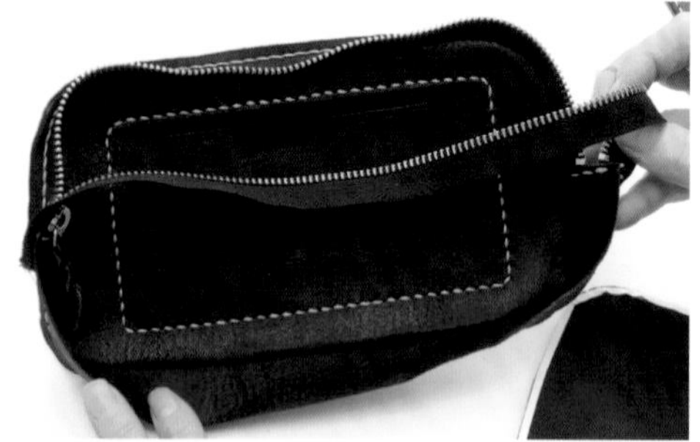

19 將剛才與背面縫合的側邊拉鏈打開。

20 對齊側面與正面底邊的中心位置後再貼合。

21 保留轉角，依照底邊、側邊的順序貼合。接著，對齊拉鏈與上緣的中心位置後再貼合。

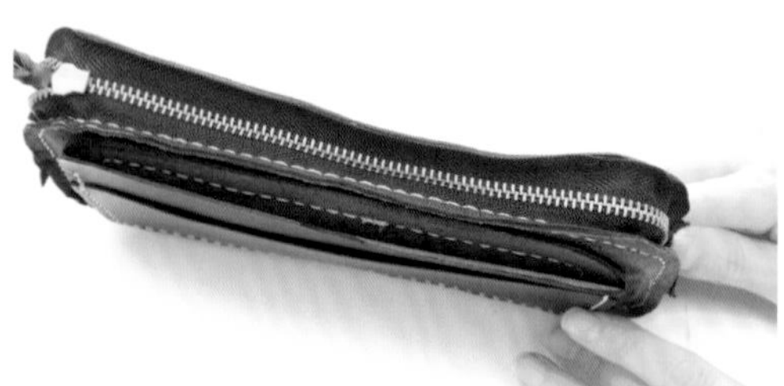

22 四邊貼合完成後，再貼合轉角。

23 在貼合的部分開孔。因為不太好開孔，所以要小心位移。

24 縫合正面的方法與縫合背面相同。

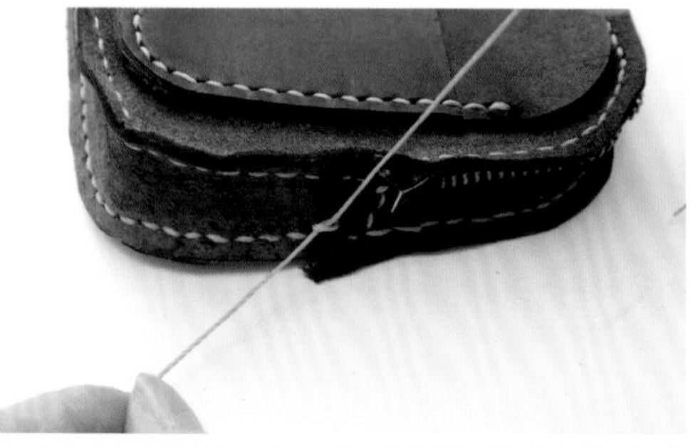

25 縫合結束的線頭穿出拉鏈與側邊皮料之間，確實打結固定。

26 打結固定之後，剪去多餘縫線。

27 在線頭部分塗上木工用膠。

28 正面、背面及側邊縫合完成的狀態。

翻到正面

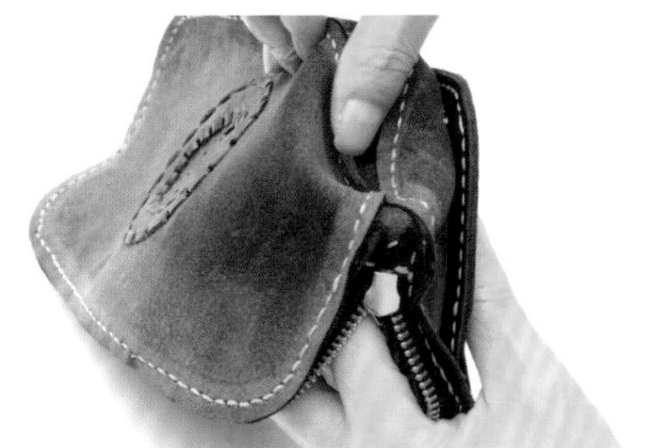

29 在打開拉鏈的狀態下作業。首先，壓下轉角的部分。

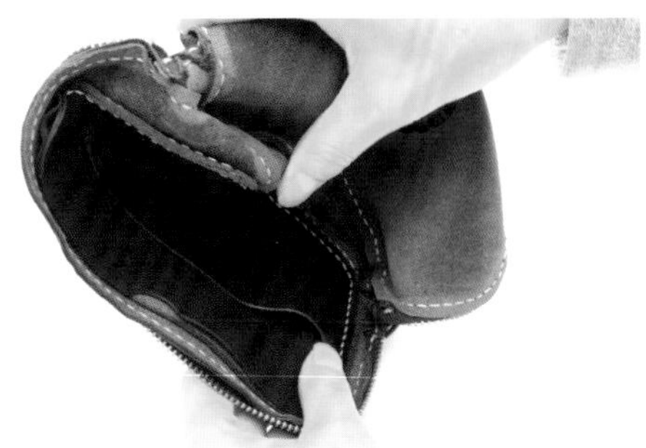

30 壓下轉角至一定程度之後，壓住底邊就可以將整體翻到正面。

31 本體翻到正面之後，將拉鏈的部分往內折留下折線。

使用滾輪與鐵鎚從內側對拉鏈的部分加壓整形。

32

33 確認拉鏈開闔之後，本體就完成了。

製作卡片匣＋鈔票匣

製作卡片匣與鈔票匣合而為一的零件。卡片匣共有6個口袋，與本體之間還有1個鈔票袋。

01 準備卡片匣A、B、C零件。標示紅色的部分必須先加工側邊。

02 在側邊塗抹CMC床面處理劑並且研磨。

03 將卡片匣B貼合卡片匣A、C的位置刮粗。

04 卡片匣A的肉面層下緣貼上雙面膠。

05 在步驟03刮粗的部分塗抹橡皮膠。

06 在卡片匣A的凸出部分肉面層也抹上橡皮膠。

07 在卡片匣B貼上位置最高的卡片匣A零件。

08 與卡片匣B貼合後，在卡片匣A的下緣開偶數孔。

POINT

09 在縫線一側穿針、另一側打結，將縫線穿過卡片匣A與B之間。

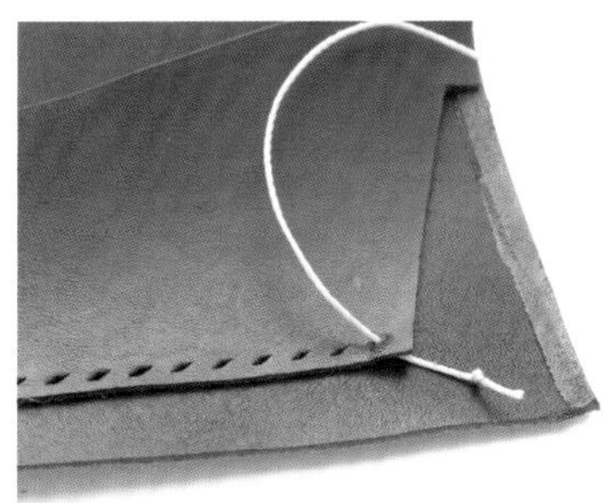

10 穿過縫線之後的狀態就像這樣，線結會隱藏在卡片匣之間。

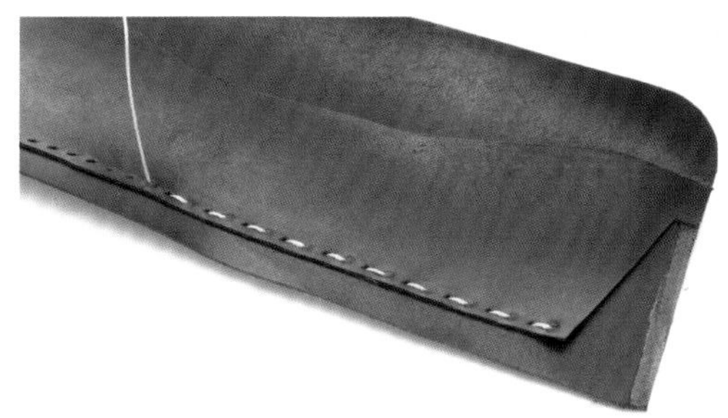

11 將卡片匣A下緣用平縫法縫合。

12 縫合至對側孔洞之後，回針將縫線從卡片匣A及B之間穿出。

POINT

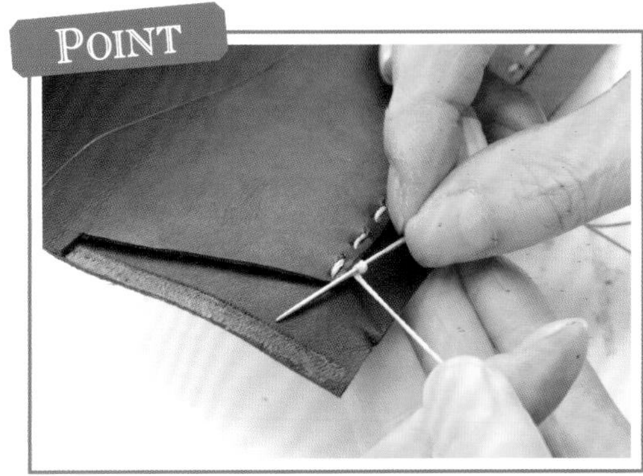

13 將步驟12穿出的線頭打結，把線結隱藏在卡片匣之間。

將第2片卡片匣A貼合於卡片匣B，並且在下緣開手縫孔。

14

15 與最初固定的卡片匣A一樣，先從下緣縫合。

16 2片卡片匣A與卡片匣B縫合完成的狀態。

17 將卡片匣C底部的向上折，用滾輪留下折痕。

POINT

18 在卡片匣C與卡片匣B縫合處的肉面層上塗抹橡皮膠。

19 卡片匣C如照片所示，對齊剛才縫合完成的卡片匣A凸出部分並貼合。

20 注意避開高低差的位置，在卡片匣中心位置的基點之間開孔。

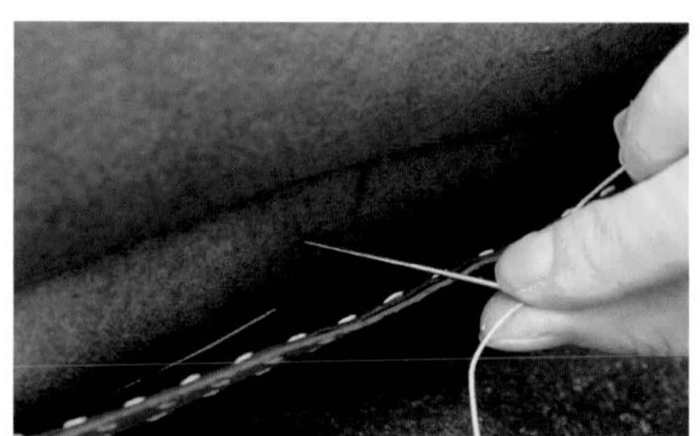

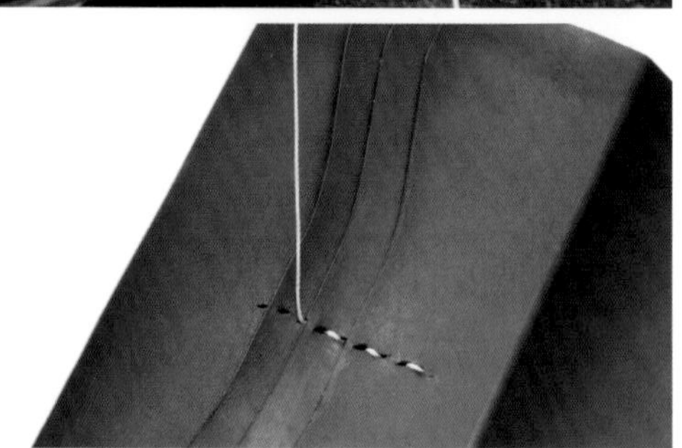

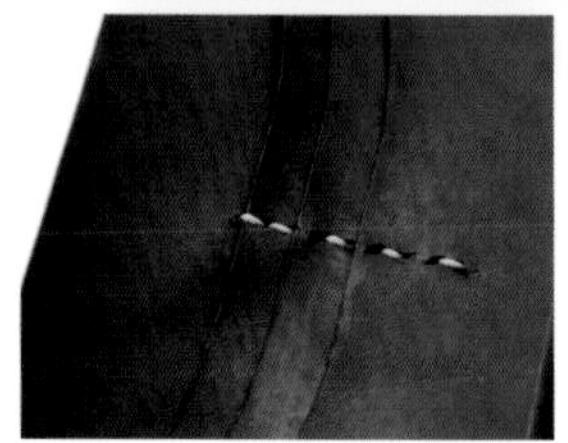

將單側穿針的縫線用平縫法由下至上縫合卡片匣B與C。

21

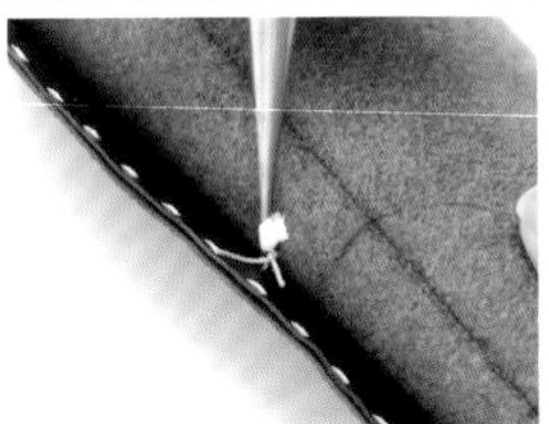

縫合至最上緣的開孔後回針，縫合完成的線頭像剛開始一樣，在卡片匣B與C之間打結，並以木工用膠固定。

22

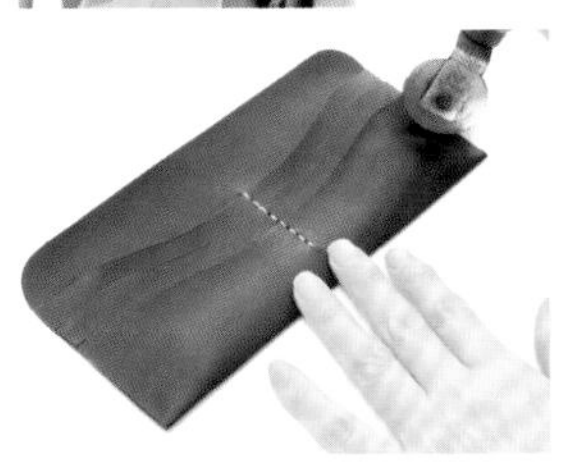

卡片匣B的肉面層與卡片匣C貼合的部分需塗抹橡皮膠，將卡片匣C往回折之後，再用滾輪壓緊。

23

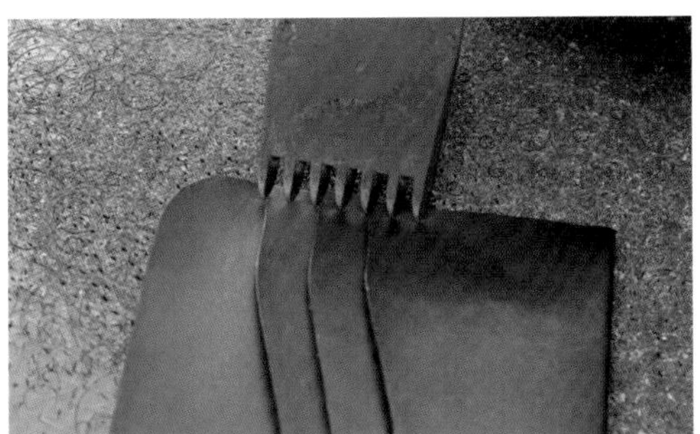

24 卡片匣側邊要注意避開高低差的部分，用菱斬在開孔位置做記號。

25 卡片匣下緣的轉角須斜切一刀。

26 對其記號位置開孔。

27 回針之後於高低差處縫2次再開始縫製。

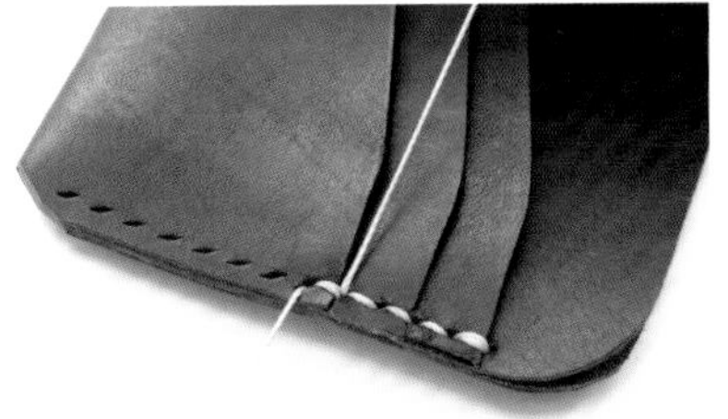

28 縫製側邊時，每逢有高低差處都必須縫2針。

29 縫完的線頭從卡片匣之間傳出，綁緊固定之後剪去多餘縫線。

30 線結的部分以木工用膠固定。另一側也用一樣的方式縫合。

31 使用刨刀削磨側邊並整形。

32 整形完成之後塗抹CMC床面處理劑並研磨加工。

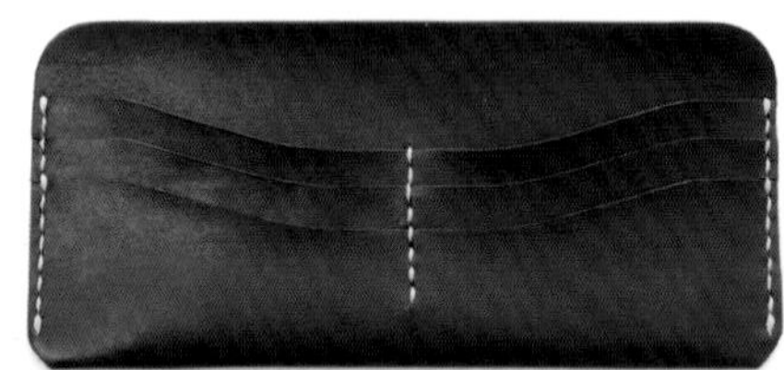

33 卡片匣＋鈔票匣就完成了！

完成

方便使用的大容量長夾

卡片匣＋鈔票匣可以藉由增加卡片袋等方式，打造出更好用的長夾。請務必挑戰看看喔！

SHOP INFORMATION

NASUKONSHA

柔和設計與美麗色調的皮革工藝品

高田壽子 小姐

NASUKONSHA的設計與製作負責人。擁有機械與手工縫製等技術，持續創作出充滿女性柔和感的設計商品。

店鋪位於東京吉祥寺與神樂坂的NASUKONSHA，是一間由負責人高田小姐設計製作的皮革工藝舖。本次採訪的吉祥寺店位於吉祥寺車站徒步5分鐘的位置。氣氛優雅的店面以包包為中心，陳列著皮夾與各種小物。商品類型以充滿女人味的柔和設計為主，色調也十分吸引人。店內隨時都會增加新作品，請上官網瀏覽看看吧！另外，兩家店面皆任何時候都有舉辦皮革工藝工作坊，如果正在猶豫要不要開始加入皮革工藝的行列，請嘗試洽詢店家吧！

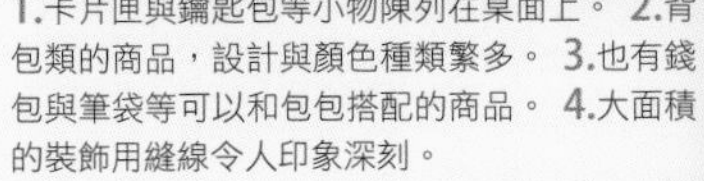

1.卡片匣與鑰匙包等小物陳列在桌面上。 **2.**背包類的商品，設計與顏色種類繁多。 **3.**也有錢包與筆袋等可以和包包搭配的商品。 **4.**大面積的裝飾用縫線令人印象深刻。

SHOP DATA

NASUKONSHA **茄子紺社** 吉祥寺店

東京都武藏野市吉祥寺南町2-6-5 Y's大樓1F
Tel.0422-47-7373
營業時間 11:30～20:00
公休日 星期二（國定假日除外）・夏季假期・新年假期
URL http://nasukonsha.com/

NASUKONSHA **茄子紺社** 神樂坂店

東京都新宿區築地町19小野大樓1F
Tel.03-3269-2646
營業時間 12:00～20:00
公休日 星期二・夏季假期・新年假期

CLUTCH

手拿包款長夾

以磁釦固定掀蓋的手拿包款式。共有12個卡片袋，鈔票匣也有2個，不僅容量大側邊也很寬，可以輕鬆容納5.5吋智慧型手機。零錢匣開口使用四合釦固定的設計也讓人感到安心。

攝影＝小峰秀世

PARTS 材料　使用厚度1.5mm與1mm的皮革。

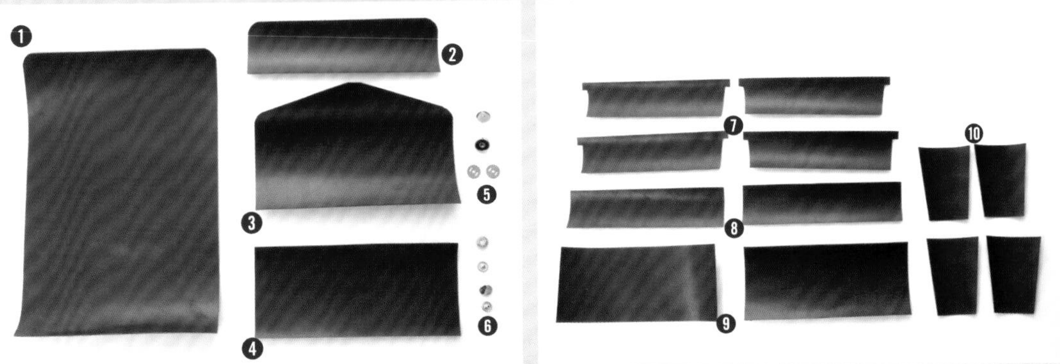

❶ **本體**：單寧鞣革牛皮／厚1.5mm
❷ **掀蓋內裡**：單寧鞣革牛皮／厚1.0mm
❸ **零錢匣**：單寧鞣革牛皮／厚1.0mm
❹ **零錢匣正面**：單寧鞣革牛皮／厚1.0mm
❺ **磁釦**：直徑14mm
❻ **四合釦**：大
❼ **卡片匣A**：單寧鞣革牛皮／厚1.0mm×4
❽ **卡片匣B**：單寧鞣革牛皮／厚1.0mm×2
❾ **卡片匣C**：單寧鞣革牛皮／厚1.0mm×2
❿ **側邊皮料**：單寧鞣革牛皮／厚1.0mm×4

TOOLS 工具　使用STC 手工皮革工藝套組B即可完成。

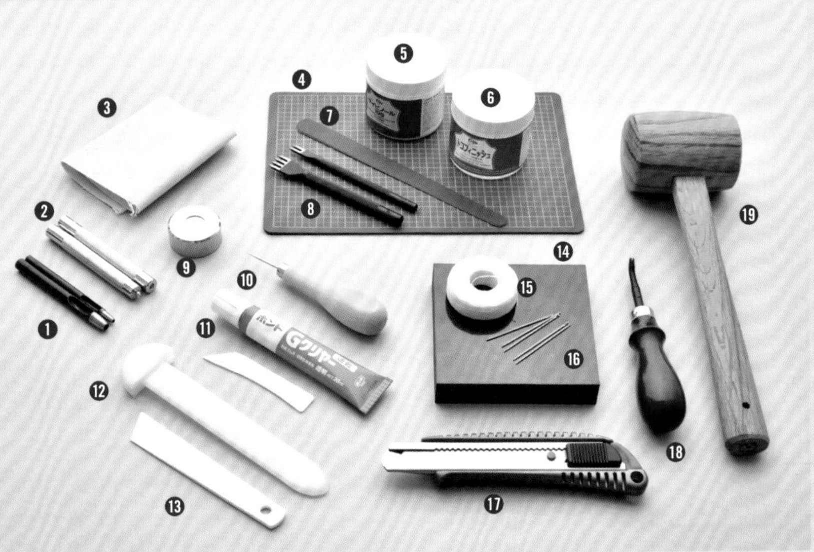

❶ **圓斬**：10號（直徑3.0mm）
18號（直徑5.5mm）
❷ **環釦斬**：大
❸ **磨邊帆布**
❹ **切割墊**
❺ **白膠**
❻ **床面處理劑**
❼ **研磨片**
❽ **菱斬**：2頭、4頭
❾ **環狀台**
❿ **圓錐**
⓫ **快乾膠**
⓬ **三用磨緣器**
⓭ **上膠片**
⓮ **膠板**
⓯ **手縫蠟線**：細
⓰ **手縫針**
⓱ **美工刀**
⓲ **削邊器**
⓳ **木槌**
※其他
・打火機・直尺・麴糊・厚紙片
・染料・棉花棒

各零件肉面層之處理

除了掀蓋內裡以外，其他皮革的肉面層都是直接使用，因此各零件的肉面層皆需塗抹床面處理劑並加以研磨。本體會貼附內裡的部分，則保留不研磨。

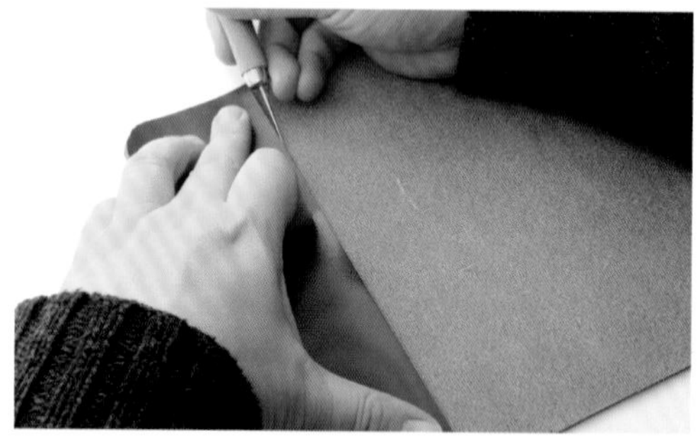

01 在本體肉面層對齊內裡，畫出貼合位置的記號線。

POINT

在本體畫線外的位置塗抹床面處理劑。
02

03 將塗抹床面處理劑的部分，以三用磨緣器的長柄研磨。

04 其他零件的肉面層皆需塗抹床面處理劑。

05 塗抹床面處理劑的零件肉面層，均以三用磨緣器的長柄研磨。

06 除了本體貼附內裡的以外的零件，皆用一樣的方法處理。

零件的側邊加工處理

皮革裁切面的側邊，若能完整研磨成形，作品會更加美觀。完工之後無法研磨的側邊，必須在零件狀態下先完成研磨加工。

照片中標示紅色的側邊，就是需要在零件狀態下先完成研磨加工的部分。

01

02 側邊的正反兩面都必須用削邊器導角。

03 導角後的側邊以研磨片研磨，形成半圓形。

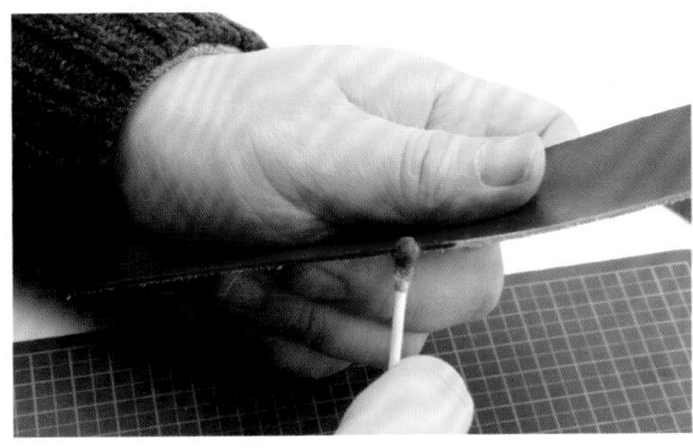

04 在成形後的側邊塗抹顏色較本體稍濃的染料。

05 在上完染料的側邊塗抹床面處理劑。

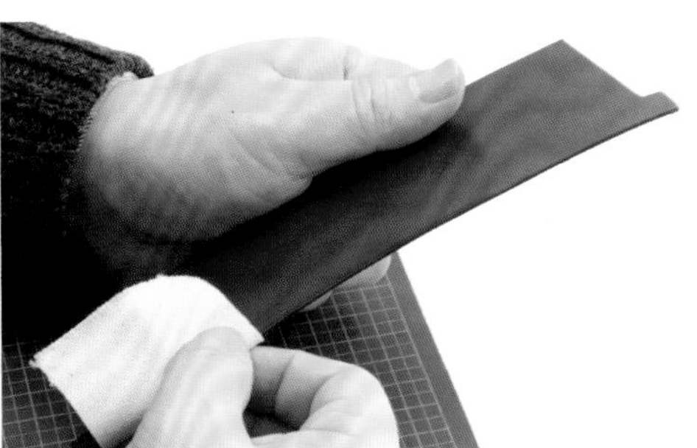

06 側邊塗抹床面處理劑之後以帆布研磨。

07 側邊研磨到一定程度之後，將零件放到工作臺上，正反面皆以帆布研磨。

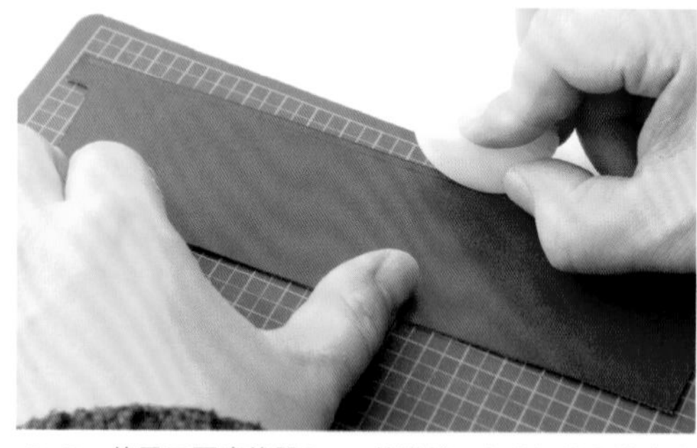

08 使用三面磨緣器2mm的溝槽，在磨好的側邊上畫線。這道工序稱為「拉溝」。

POINT

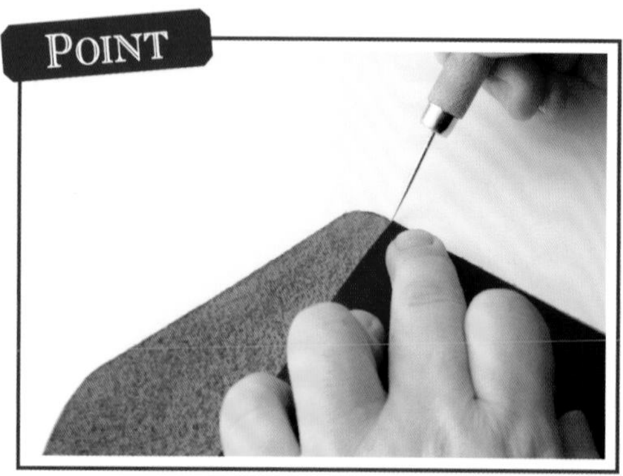

09 零錢匣對齊正面，在固定位置上做記號。

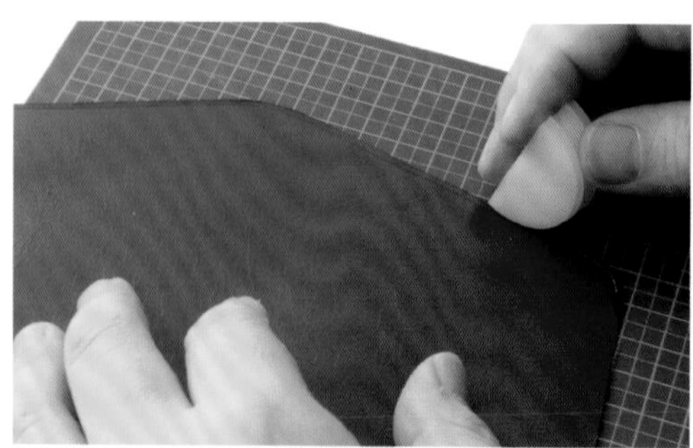

10 在零錢匣的掀蓋邊緣上，步驟09的記號之間拉溝。

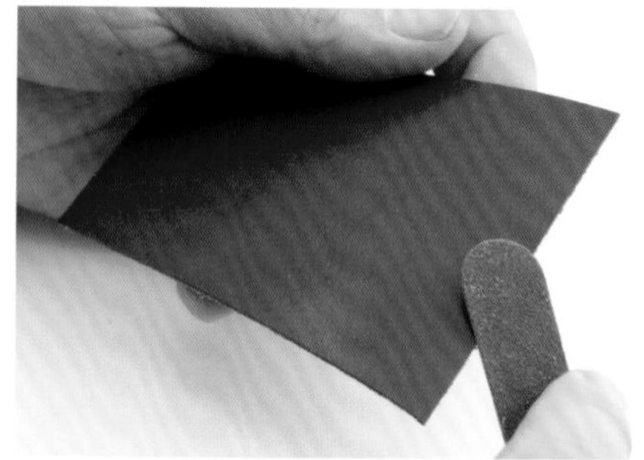

11 其他零件也依照相同方式處理側邊。

在零件狀態完成加工。此時請確認有無忘記加工的部分。

12

製作卡片匣

接下來製作卡片匣。這款長夾的卡片匣有兩處，口袋總共有3層，所以各有6個卡片袋。

準備2個卡片匣A、各1個卡片匣B與C。這是1組卡片匣的零件。

01

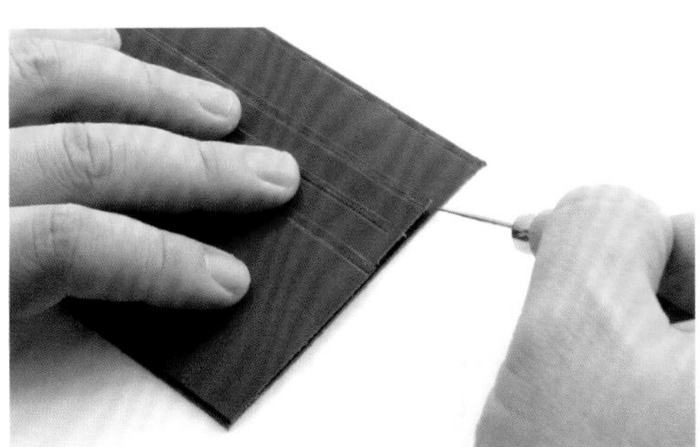

02 卡片匣依照實際的縫合順序排列，分別在固定位置上做記號。

03 將最上方的卡片匣A的底下3邊，刮粗3mm左右。

04 對齊固定最上方卡片匣A的位置，在下緣畫線。

05 將步驟04畫線的上緣刮粗3mm。

刮粗卡片匣A的凸出部分與下緣往上3mm的肉面層。

06

07 在步驟06將卡片匣A刮粗的部分塗抹白膠。

08 在卡片匣C貼合的部分也塗抹白膠，並與卡片匣A貼合。

09 在卡片匣A下緣畫出寬3mm的縫線記號。

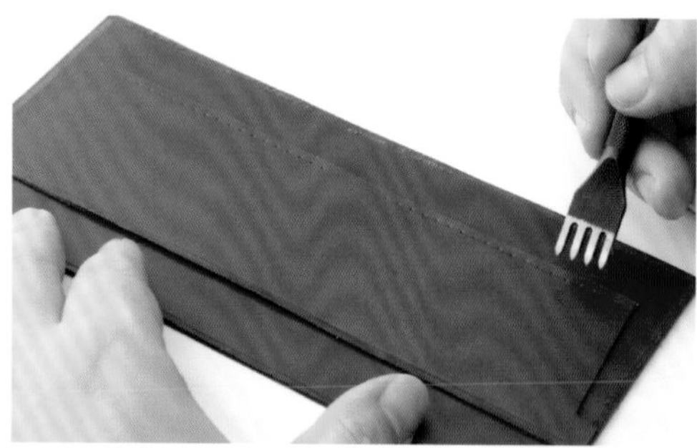

10 對齊縫線記號標記打洞位置。正中間稍微保留空間，左右各開偶數孔。

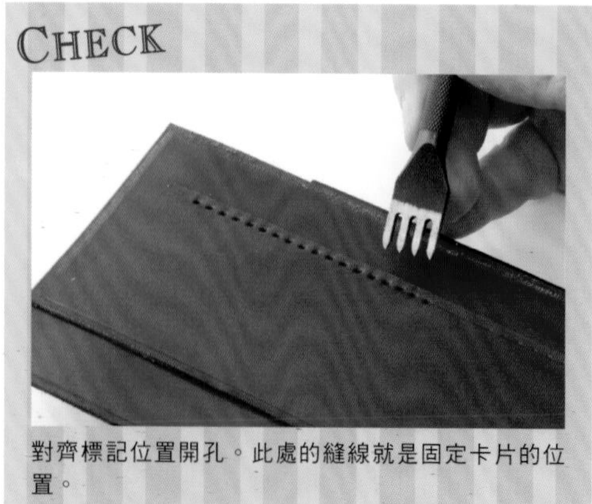

CHECK

對齊標記位置開孔。此處的縫線就是固定卡片的位置。

POINT

11 縫線準備縫製距離的2倍長度。邊緣的孔洞穿過縫線之後，在肉面層用打火機燒熔固定線頭。

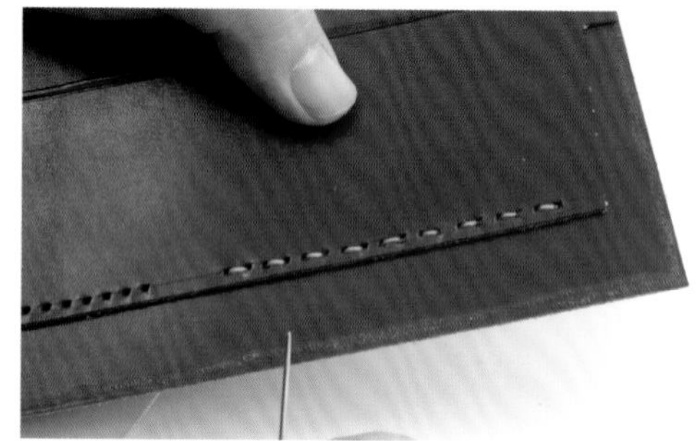

12 卡片匣A下緣使用平縫法縫合。

13 縫製完成之後燒熔線頭收尾。

14 最上方的卡片匣A下緣縫合完成的狀態。使用木槌中腹敲打，讓針腳更服貼。

15 第2個固定的卡片匣A對齊位置，在下緣畫記號線。

16 將步驟**15**畫線的上緣刮粗3mm。

17 刮粗卡片匣A的凸出部分與下緣往上3mm的肉面層。

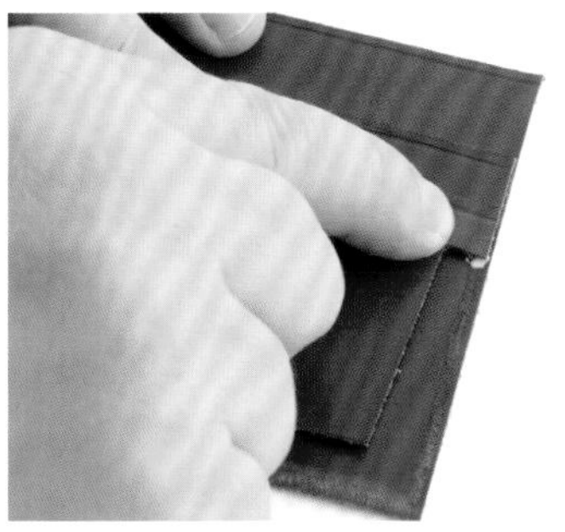

18 在雙方貼合的位置塗抹白膠，對其凸出處貼合。

19 與最上方的卡片匣一樣，以平縫法縫合下緣。

20 下緣縫合完成完成後，使用木槌中腹敲打，讓針腳更服貼。

21 第2個卡片匣縫合完成的狀態。

22 卡片匣B的肉面層除了最上緣以外的3邊皆刮粗3mm。

23 在步驟22刮粗的卡片匣B肉面層，塗抹白膠。

24 對齊固定位置，將卡片匣B貼附於卡片匣C。

25 對齊卡片匣B之後，連接卡片匣縫合基準點畫出縫合線記號。

26 對齊步驟25畫出的線，以菱斬做開孔記號。

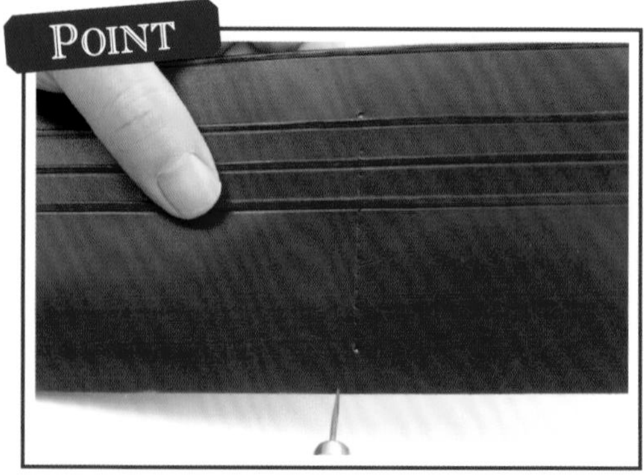

27 在基點位置用圓錐開孔。

28 對齊記號開手縫孔。

29 開完所有手縫孔的狀態。

30 回針1孔之後，在卡片匣A邊緣縫2針再開始縫製。

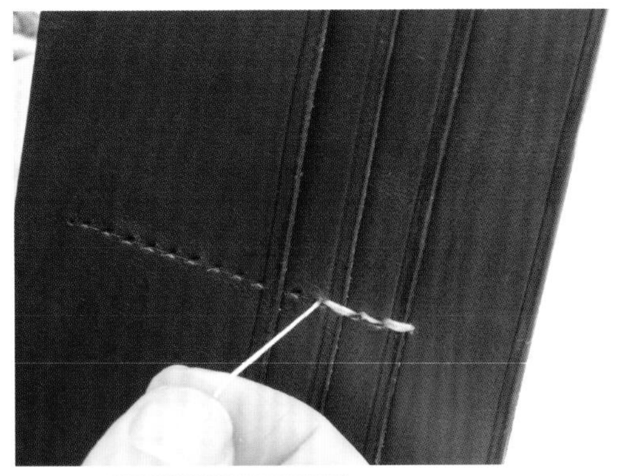

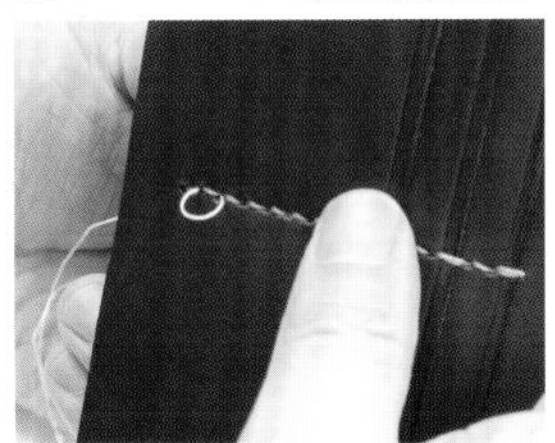

高低差的部分需縫2針，最後必須回針2孔，將縫製完成的線頭從背面穿出。

31

32 從背面穿出的2條縫線，保留2～3mm其餘剪除，用打火機燒熔固定。

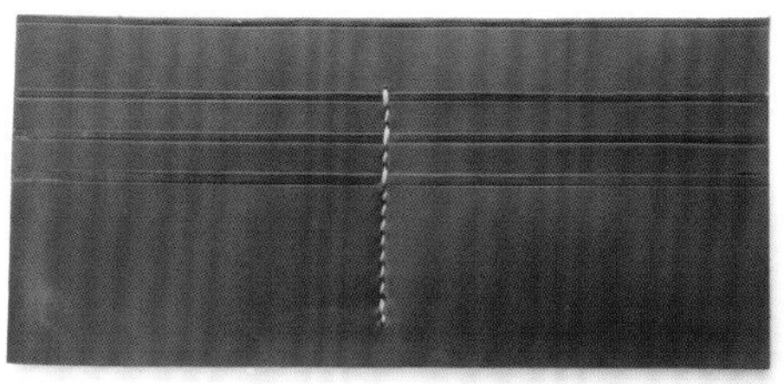

33 卡片匣中心部分縫製完成的狀態。接著必須再製作1個一模一樣的卡片匣。

34 2個卡片匣的肉面層，除了上緣以外的3邊需刮粗3mm。

35 在刮粗的部分塗抹白膠。

36 將2個卡片匣背對背貼合。

37 在左右邊緣畫出寬3mm的縫線。

38 在卡片匣下緣，距離縫線一針的位置畫出3mm寬的線。

POINT

39 對齊下緣縫線，用菱斬標記開孔位置。側邊不需要標記開孔位置。

40 對齊標記位置開孔。

將卡片匣下緣縫合。
41

42 卡片匣暫時加工至此。兩側之後會再與側邊皮料縫合。

製作零錢匣

零錢匣會使用四合釦固定掀蓋。四合釦的裝配很簡單，所以會先固定，不過也可以在縫合本體之後固定。

01 準備一組零錢匣本體與正面的零件、大四合釦。

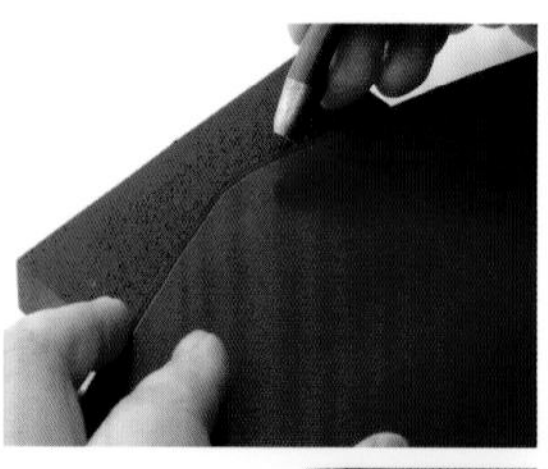

掀蓋用18號圓斬開孔，以便固定四合釦的母釦。
02

零錢匣正面用10號圓斬開孔，以便固定四合釦的公釦。

03

04 從掀蓋孔洞的肉面層放上母釦。

05 在環狀台上放置和母釦成對的上內釦。

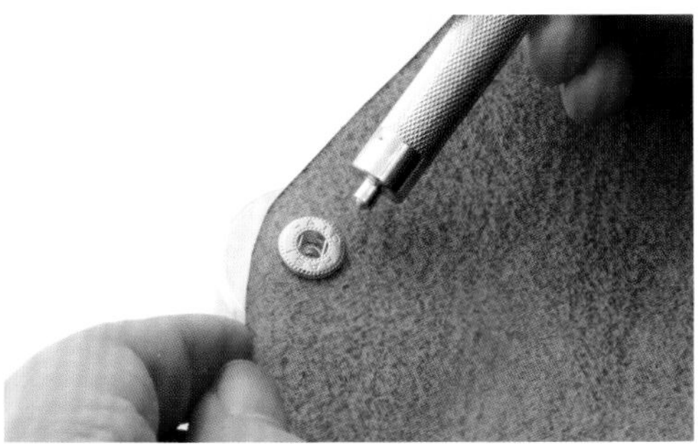

06 在釦環頭上覆蓋母釦。

POINT

用環釦斬敲打，以釦環固定母釦。環釦斬必須垂直以木槌敲打。

07

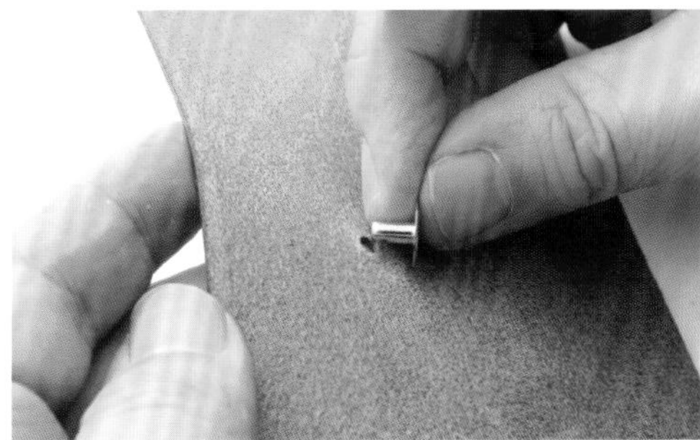

08 從零錢匣正面孔洞的肉面層放置和公釦成對的下內釦。

CHECK

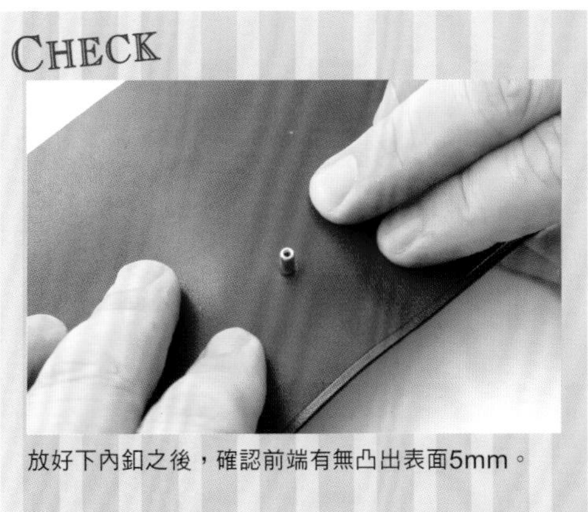

放好下內釦之後，確認前端有無凸出表面5mm。

09 將凸出表面的內釦前端蓋上公釦。

10 使用環釦斬敲打，使內釦固定於公釦上。

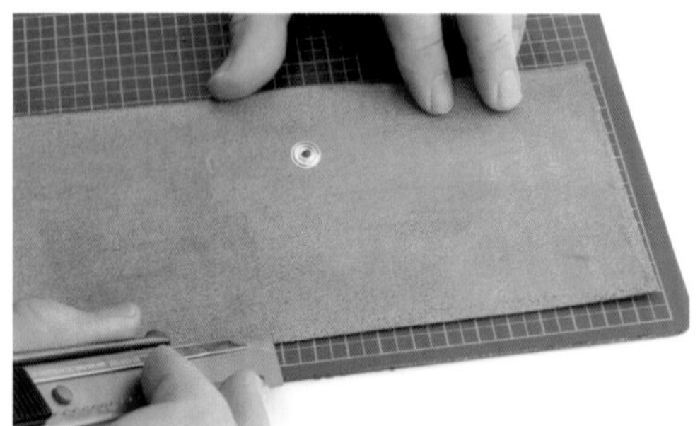

11 將零錢匣正面皮料的肉面層3邊刮粗3mm左右。

POINT

12 將本體固定正面皮料的肉面層刮粗3mm左右。

13 正面與本體刮粗的部分皆塗上白膠。

14 對齊各邊位置，貼合零錢匣本體與正面皮料。

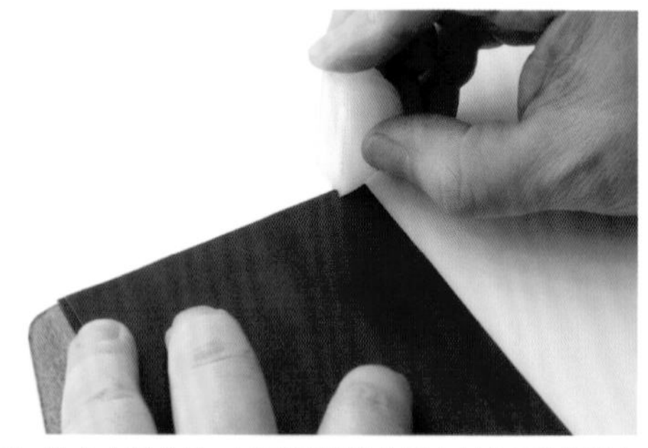

15 貼合本體之後，正面皮料除上緣之外的3邊都畫上寬3mm的線。

POINT

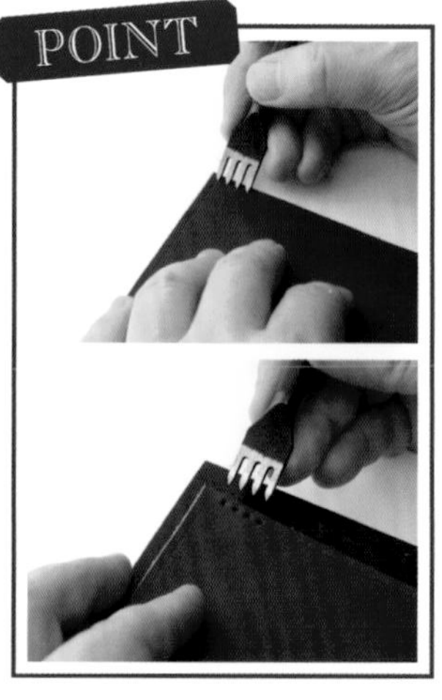

在離側邊1孔的位置，對齊畫線處從下緣開縫線孔。

16

17 開完下緣縫線孔的狀態。

18 從最旁邊的孔開始以雙針縫縫製。

19 縫到另一側的最後1孔。

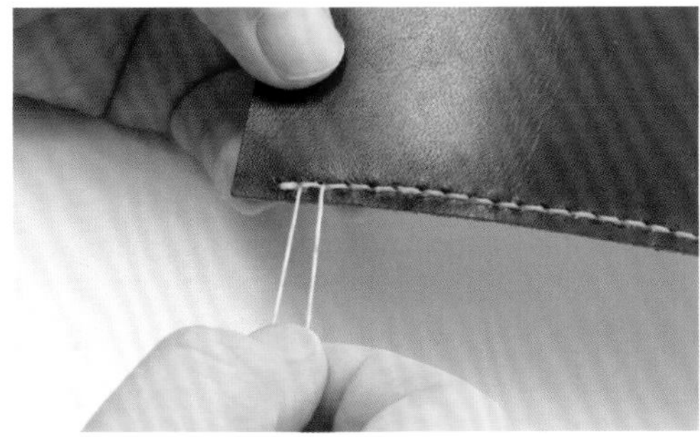

20 回2針，將縫線從內側穿出。

21 保留2～3mm剪去多餘線頭，以打火機燒熔固定。

22 零錢匣暫時加工至此。兩側之後會夾在本體與側邊皮料之間縫合。

本體皮料事前處理

本體正面與掀蓋的內裡部分需裝上磁釦。正面為母釦，內裡為公釦。另外，本體正面皮料需進行側邊加工。

01 準備本體與內裡的零件、磁釦一組。

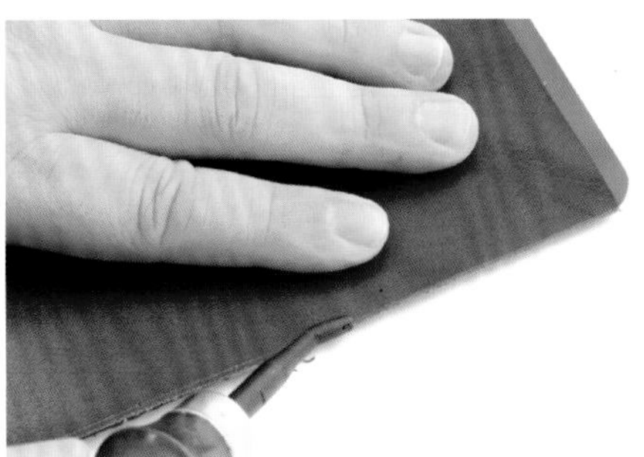

02 本體正面的部分（上圖為皮料下緣）用削邊器導角。

03 導角完成的側邊用研磨片研磨成半圓形。

04 成形後塗抹染料。

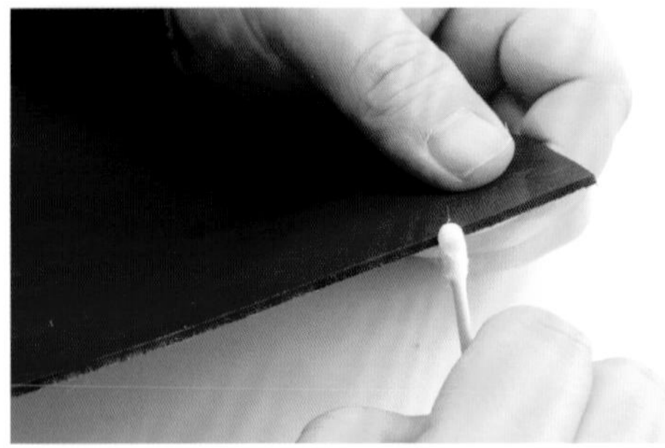

05 上完染料的部分塗抹床面處理劑。

06 塗抹床面處理劑後，用帆布夾住側邊研磨。

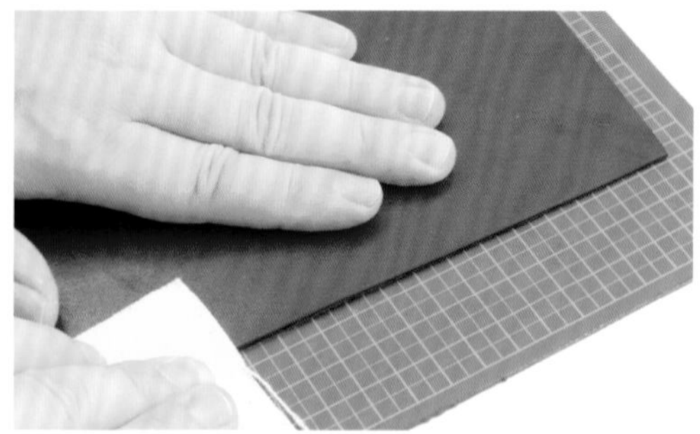

07 研磨至一定程度後，將本體皮料放在工作臺上，正反兩面都用帆布研磨。

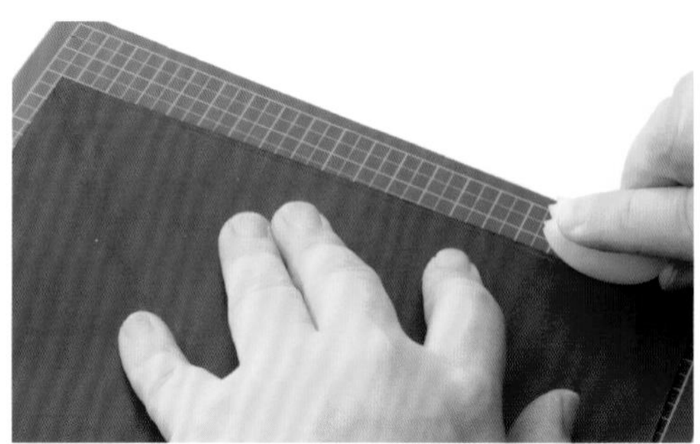

08 以三用磨緣器的2mm溝槽拉溝，完成側邊加工。

09 對齊紙型上裝設磁釦的位置，在本體正面皮料上以美工刀開孔。

10 在開孔處穿入磁釦之母釦。

11 將磁釦內面確實貼合皮料表面。

CHECK

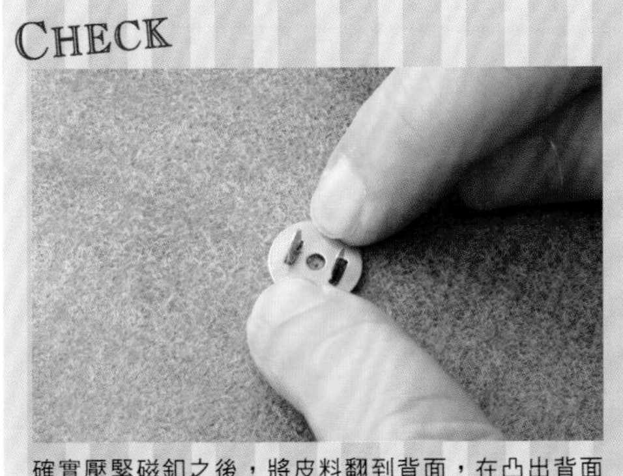

確實壓緊磁釦之後，將皮料翻到背面，在凸出背面的磁釦腳套上固定座。

12 套上固定座之後，把磁釦腳往外折。折彎時可使用木槌柄等工具。

13 對齊紙型上裝設磁釦的位置，在掀蓋內裡皮料上以美工刀開孔。

14 在開孔處穿入磁釦之公釦，並確實壓到底。

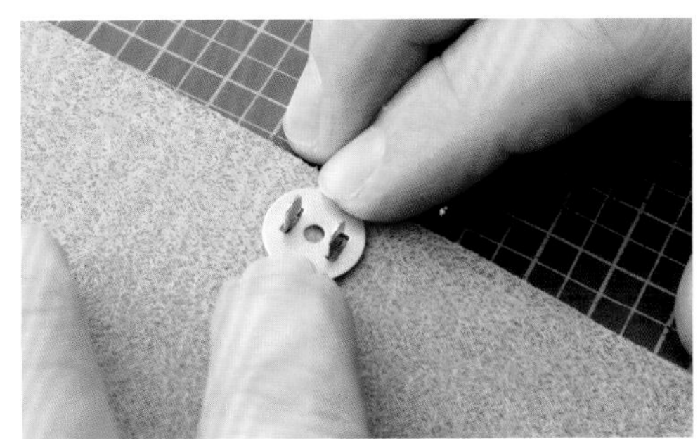

15 在凸出背面的磁釦腳套上固定座。

16 和本體側相同，把磁釦腳往外折彎固定。

17 正面皮料的磁釦內側會外露，所以須對齊可遮蔽磁釦腳與固定座的皮革周圍，畫線做記號。

18 以研磨棒刮粗記號線內側。

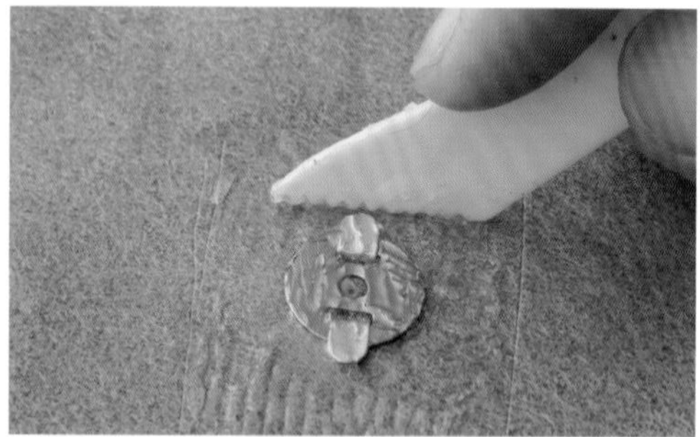

19 將刮粗的部分塗上快乾膠。

20 在覆蓋磁釦內面的皮料肉面層也塗抹快乾膠。

21 待快乾膠乾燥到不沾手的程度，就可以對齊位置貼合。

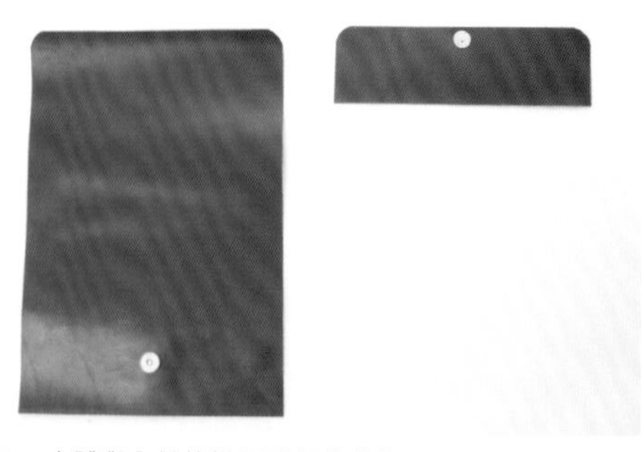

22 本體與內裡皆裝好磁釦的狀態。

縫合本體與各零件

與本體縫合的部分有內裡、零錢匣及側邊皮料。4個側邊皮料，2個黏於零錢匣內側，剩餘2個直接貼於本體。

POINT

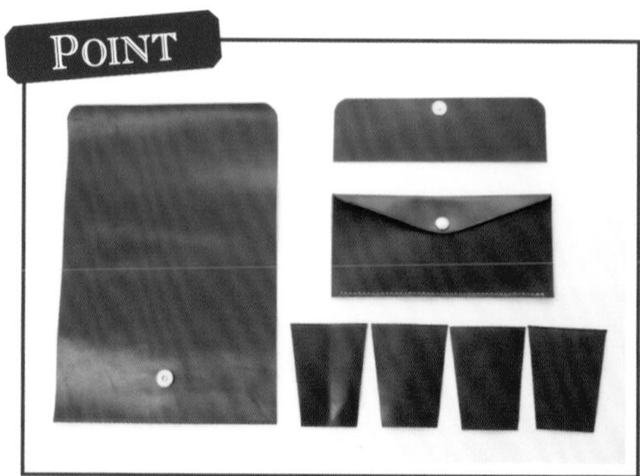

01 準備本體、內裡、零錢匣、側邊皮料。

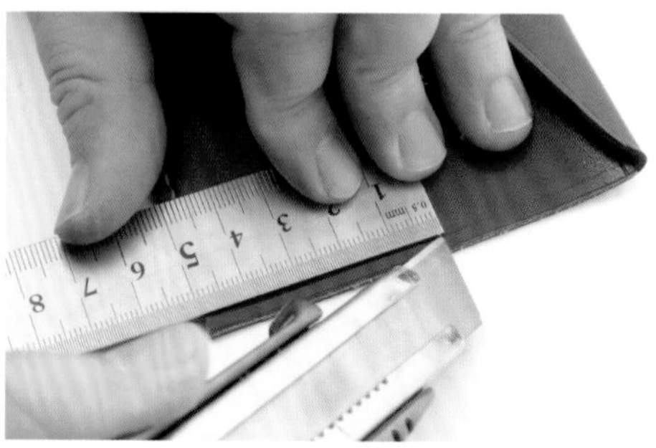

02 從零錢匣正面下緣50mm處刮粗3mm寬。

03 零錢匣內側則沿邊緣至掀蓋刮粗3mm。

04 側邊皮料兩側的肉面層皆刮粗3mm。

05 將步驟02刮粗的部分塗上白膠。

06 本體肉面層貼合的位置也必須刮粗並塗上白膠。

07 將零錢匣與本體貼合。

08 在零錢匣的內側刮粗的部分塗上白膠。

09 確認側邊的固定方向，刮粗與零錢匣貼合的位置並塗上白膠。

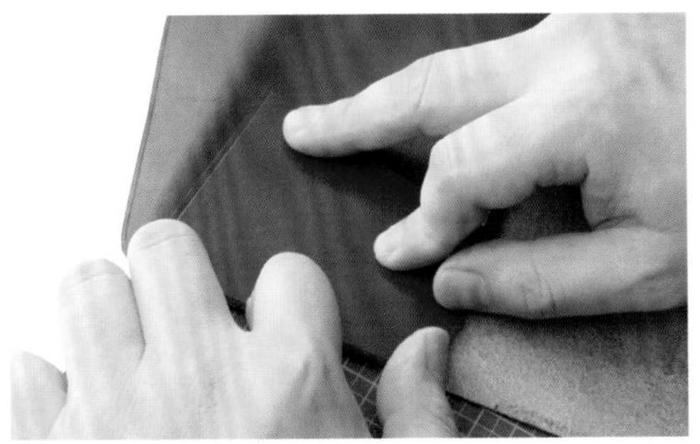

10 對齊下緣，在零錢匣內側貼合側邊皮料。

另一頭的側邊皮料也一樣，在零錢匣內側貼合。

11

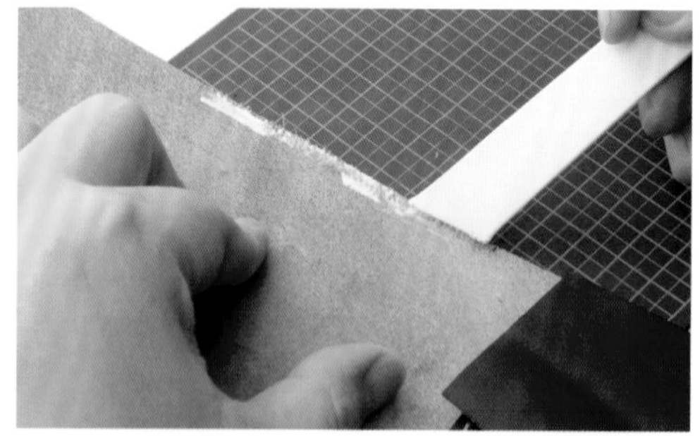

12 本體直接貼合側邊的部分也刮粗並塗上白膠。

13 側邊皮料貼合的部分也塗上白膠。

14 在本體上貼合側邊皮料。

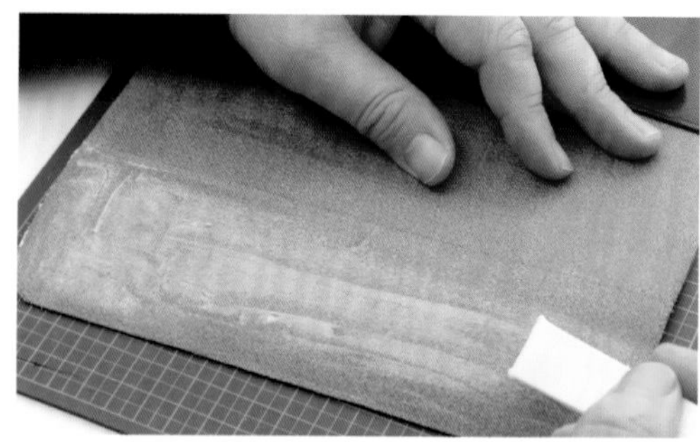

15 在本體貼合內裡的位置塗抹白膠。

16 在內裡的肉面層也塗抹白膠。

17 對齊位置後貼合本體與內裡。

本體與各零件貼合後，就會形成圖中的狀態。

18

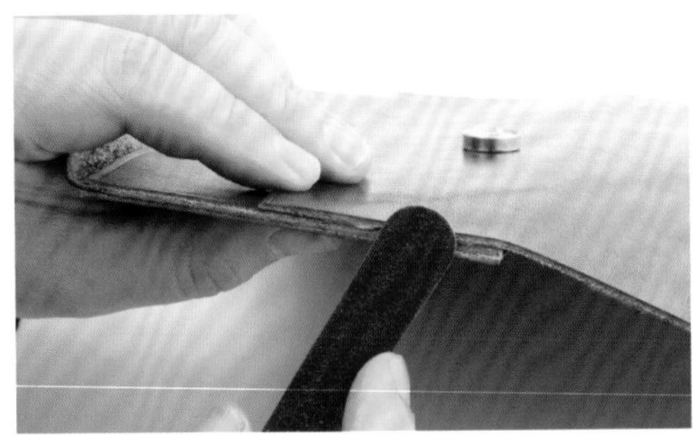

19 以研磨片研磨貼合零件的側邊，使高度一致。

POINT

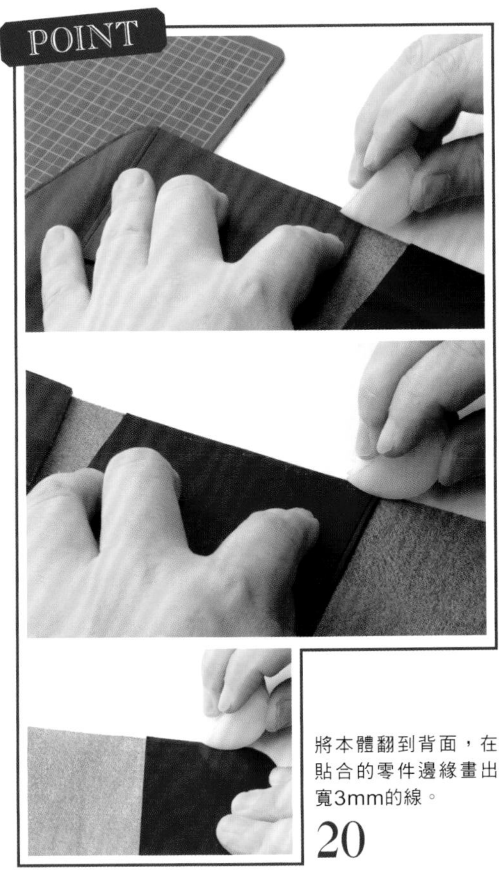

將本體翻到背面，在貼合的零件邊緣畫出寬3mm的線。

20

21 與零錢匣貼合的側邊上緣開圓孔。

各側邊的上邊與下邊，內裡有高低差的位置也都開圓孔。

22

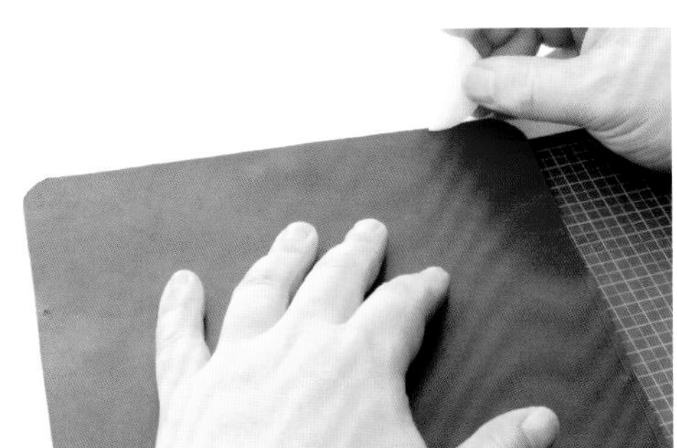

23 將本體翻到正面，四周畫一圈寬3mm的縫線記號。

24 先以內裡開的圓孔為基準，對齊線並以菱斬在開孔位置做記號。

25 對齊記號開手縫孔。

26 避免在事先開好的圓孔上用菱斬開孔。

27 轉角的部分使用雙菱斬，便可以順利接續手縫孔位置。

POINT

28 開孔時遇到有磁釦的部分，則使用膠板的高低差避開。

本體開完手縫孔的狀態。

29

30 從位於正面邊緣的圓孔往回數第2孔穿線，往圓孔處回縫。

31 回縫至圓孔後，朝原本的方向縫製。

32 有高低差的部分須縫2針補強。

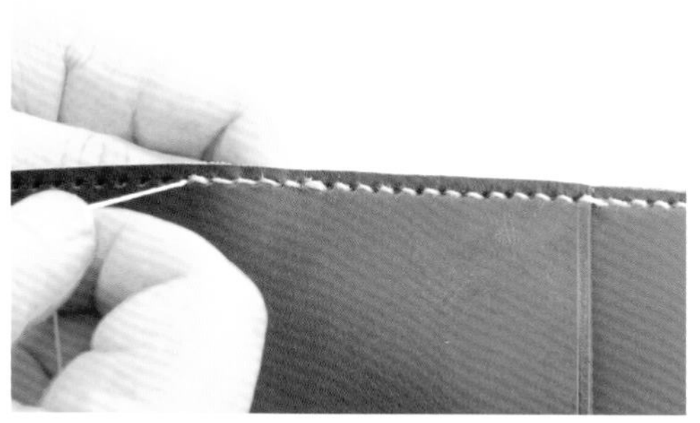

33 未貼合零件的部分，若縫線拉太緊會形成皺褶，需多加留意。

34 內裡有高低差的部分須縫2針。

35 縫到另一側的邊緣後，縫2針再往回縫。

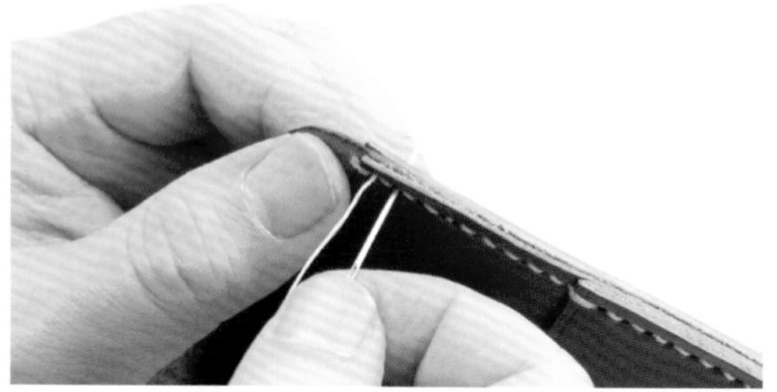

36 內側往回縫1孔，正面往回縫2孔，縫完之後線都由內側穿出。

37 縫製結束後，縫線保留2～3mm其餘剪掉，線頭用打火機燒熔固定。

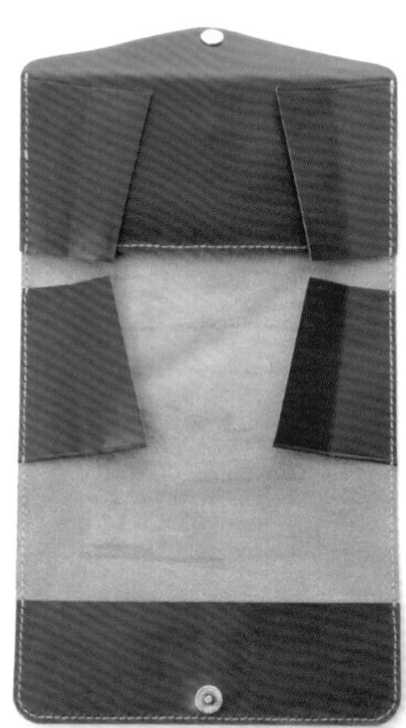

38 本體與各零件縫合完成的狀態。

縫合卡片匣

卡片匣夾在兩側的側邊皮料中間。縫合時，需要將單側拉出，因此事前確實貼合側邊與卡片匣非常重要。

01 準備好縫合各零件的本體與卡片匣。

02 將卡片匣側邊畫好的線外側刮粗。

03 在卡片匣刮粗的部分塗上白膠。

04 對折縫合在零錢匣上的側邊皮料，並將刮粗的部分塗抹白膠。

05 對齊上下邊位置，貼合卡片匣與側邊皮料。

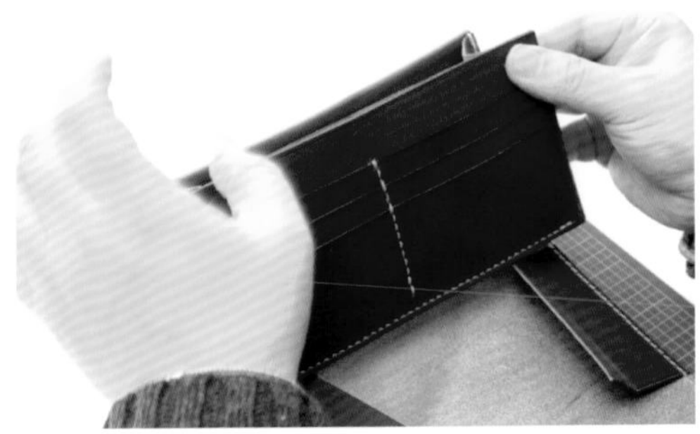

06 對折的側邊會被反作用力拉扯導致位移，貼合時須注意。

07 側邊皮料與卡片匣，必須在對齊兩側側邊的狀態下貼合。

08 對齊位置壓緊，直到狀態穩定為止都要用手壓牢。

09 將卡片匣與側邊皮料另一側也用白膠固定。

10 將本體向後折，貼合側邊與卡片匣。

POINT

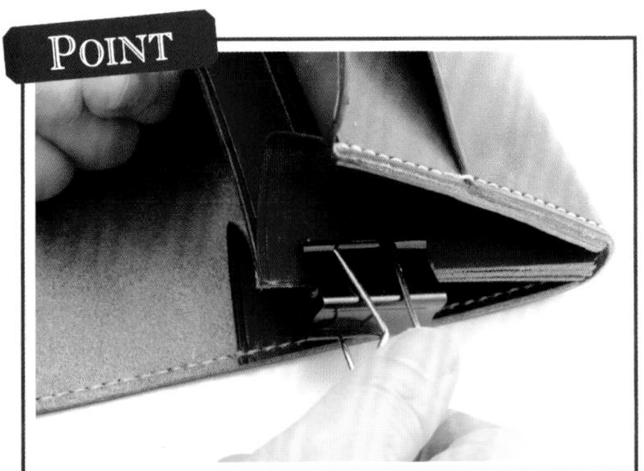

11 對齊位置後，側邊頂端用長尾夾固定，等待白膠完全乾燥。

12 白膠完全乾燥後，移除長尾夾，用研磨片研磨側邊。

13 拉出側邊皮料，畫上寬3mm的線。

14 對齊線用菱斬做開孔記號。

15 對齊記號開手縫孔。

從邊緣往回數的第2孔穿線，朝邊緣回縫。在邊緣縫2針再往反方向縫製，縫合完成之後燒熔固定線頭。

16

17 另一側也以相同方式縫合。

18 側邊與卡片匣縫合之後，長夾就成形了。

磨邊加工

將最後縫合完成的側邊研磨加工就完成了。多重複作業幾次，側邊的完成度更會更好，請重複處理到出現可接受的完美側邊吧！

01 縫合後的側邊以研磨片研磨，使高度一致。

從側邊的正面與背面導角。

02

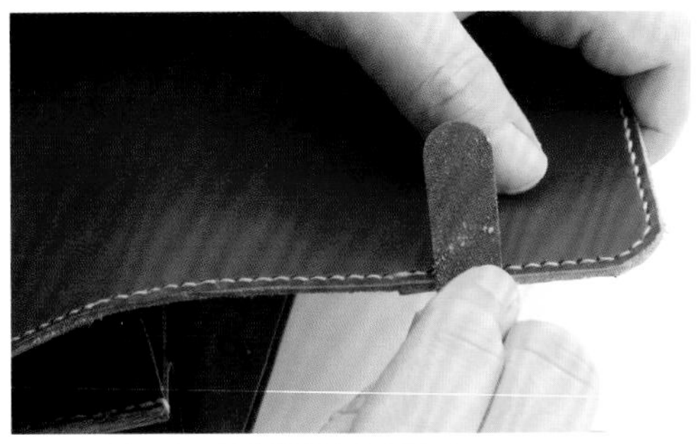

03 導角後以研磨片研磨成半圓形。

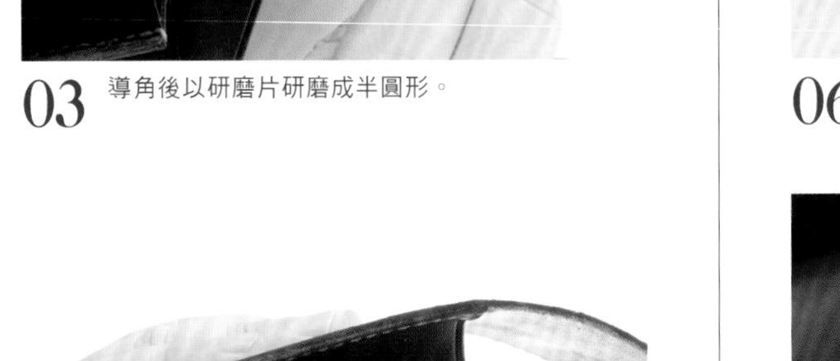

04 側邊成形之後，塗上染料。

05 上完染料之後，塗抹床面處理劑。

06 將塗抹床面處理劑的側邊，以帆布研磨。

07 最後使用三用磨緣器的溝槽研磨，完成側邊加工。

完成

可容納大量的卡片與鈔票

卡片匣與鈔票匣各有2處，是容量非常大的長夾。

CLIP
口金長夾

採用包包用的大口金製作的長夾。卡片匣為可分離式，使用上非常方便。若不使用卡片匣，放鈔票的空間可容納5吋左右的智慧型手機。

製作＝荻原敬士（LEATHERCRAFT MACK）／攝影＝小峰秀世

PARTS 材 料　需使用已經開好手縫孔的口金零件。

❶ 零錢匣：單寧鞣革牛皮／厚1mm
❷ 本體：單寧鞣革牛皮／厚2mm
❸ 拉鏈：4mm／160mm
❹ 原子釦：固定式／直徑7mm
❺ 零錢匣側邊皮料：單寧鞣革牛皮／厚1mm
❻ 本體側邊皮料：單寧鞣革牛皮／厚2mm
❼ 本體內裡：單寧鞣革牛皮／厚1mm
❽ 零錢匣A：單寧鞣革牛皮／厚1mm×2
❾ 零錢匣B：單寧鞣革牛皮／厚1mm×2
❿ 零錢匣C：單寧鞣革牛皮／厚1mm×2
⓫ 口金零件：有縫線孔／200mm
⓬ 牛皮繩：寬3mm

TOOLS 工 具　本體上的開孔若有菱斬夾會比較方便操作。

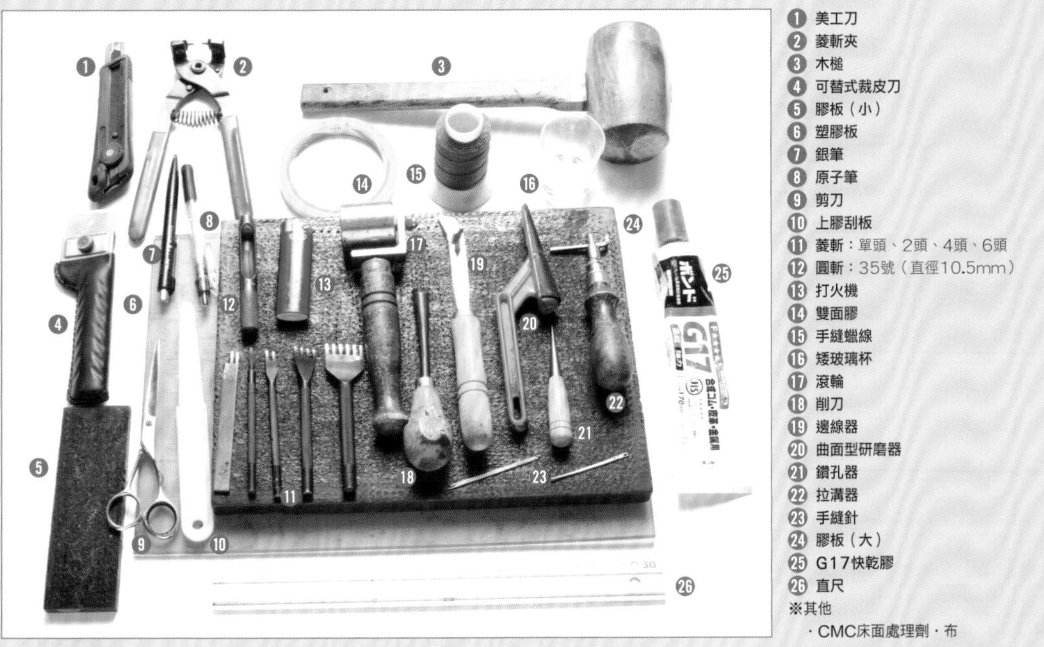

❶ 美工刀
❷ 菱斬夾
❸ 木槌
❹ 可替式裁皮刀
❺ 膠板（小）
❻ 塑膠板
❼ 銀筆
❽ 原子筆
❾ 剪刀
❿ 上膠刮板
⓫ 菱斬：單頭、2頭、4頭、6頭
⓬ 圓斬：35號（直徑10.5mm）
⓭ 打火機
⓮ 雙面膠
⓯ 手縫蠟線
⓰ 矮玻璃杯
⓱ 滾輪
⓲ 削刀
⓳ 邊線器
⓴ 曲面型研磨器
㉑ 鑽孔器
㉒ 拉溝器
㉓ 手縫針
㉔ 膠板（大）
㉕ G17快乾膠
㉖ 直尺
※其他
・CMC床面處理劑・布

製作零錢匣

這款長夾的零錢匣上緣開口使用拉鏈，與長夾內裡縫合在一起。首先必須先完成零錢匣的部分。

裁剪零錢匣本體

01 在零錢匣本體上對齊紙型，畫出固定拉鏈的開口位置。

02 其中一側的邊緣為圓形，先使用35號圓斬開孔。

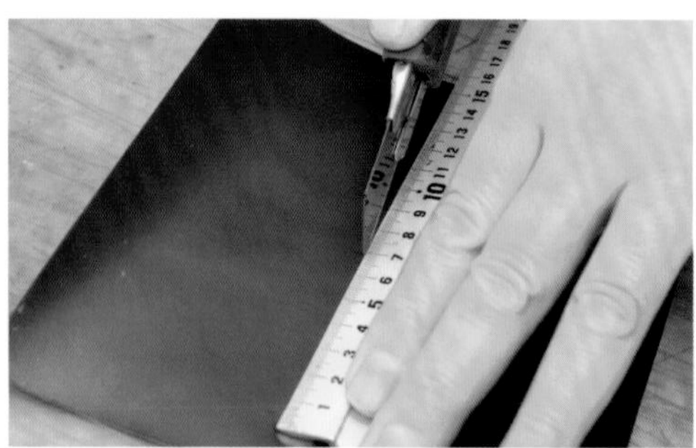

03 剩下的部分搭配直尺畫直線裁斷。

固定拉鏈

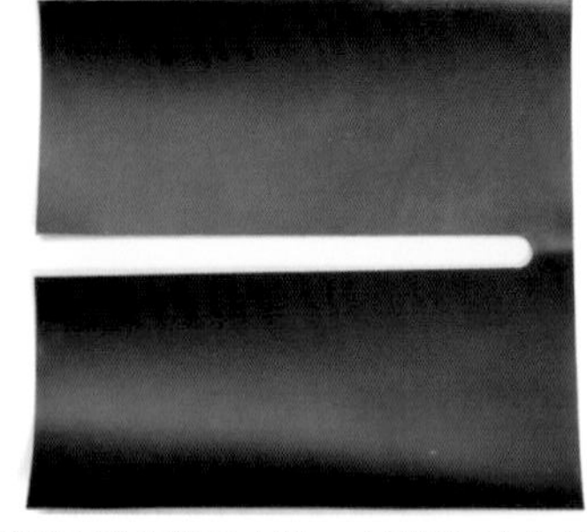

04 剪裁好的零錢包本體。中間開口處為固定拉鏈的位置。

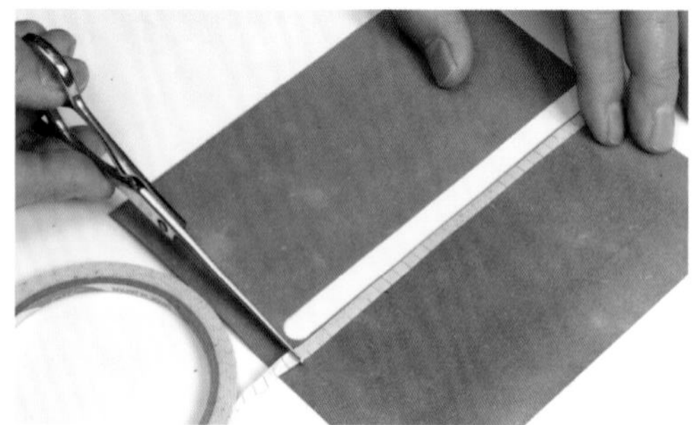

05 在長條狀的肉面層周圍貼上寬5mm的雙面膠。

06 將拉鏈下擺處保留10mm其餘裁斷。

07 將拉鏈開口處保留5mm其餘裁斷。

POINT

08 裁斷的拉鏈側面用打火機燒熔以免裂開。

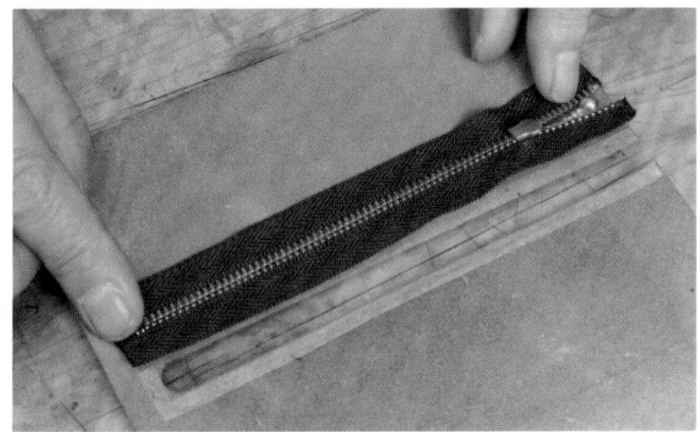

09 將拉鏈對齊長條狀的部分，確認長度是否吻合。

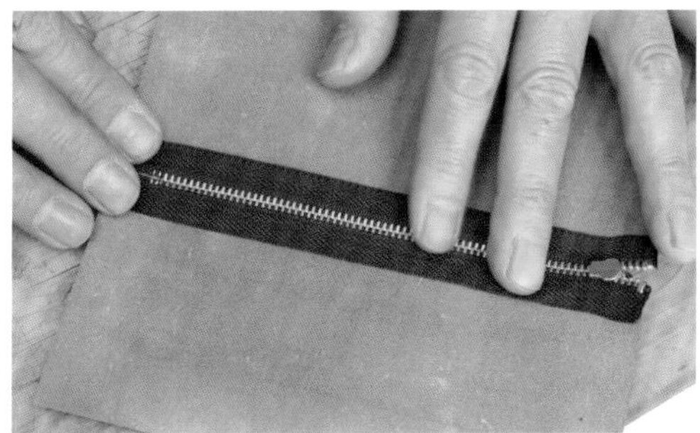

10 確認拉鏈正反面無誤之後，將正面與零錢匣貼合。

11 翻到正面，確認拉鏈位於長條狀的正中央。

12 確認拉鏈位置無誤之後，使用滾輪壓緊。

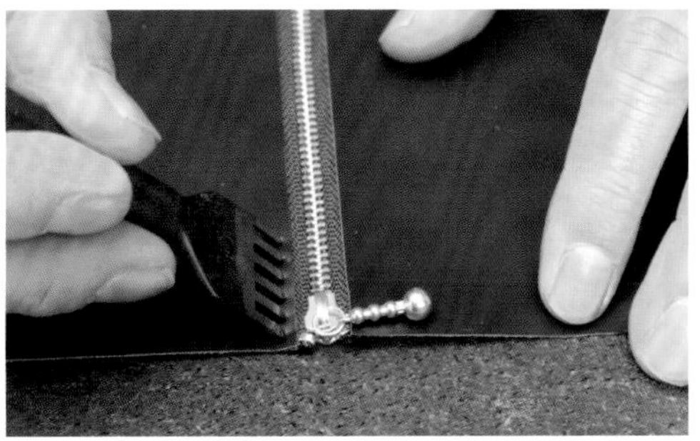

13 在長條狀周圍畫寬3mm的縫線，用菱斬做開孔記號。

14 對齊記號在長條狀周圍開孔。

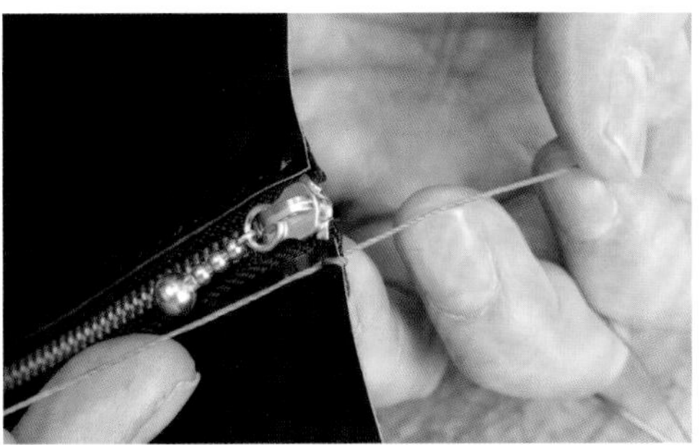

15 回針在邊緣縫2針之後再開始縫製。

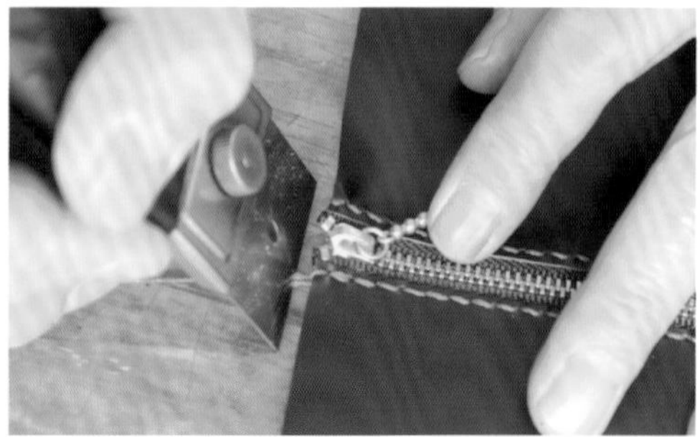

16 縫到另一側時，在邊緣縫2針。回針結束後，將線頭從內側穿出並剪斷。

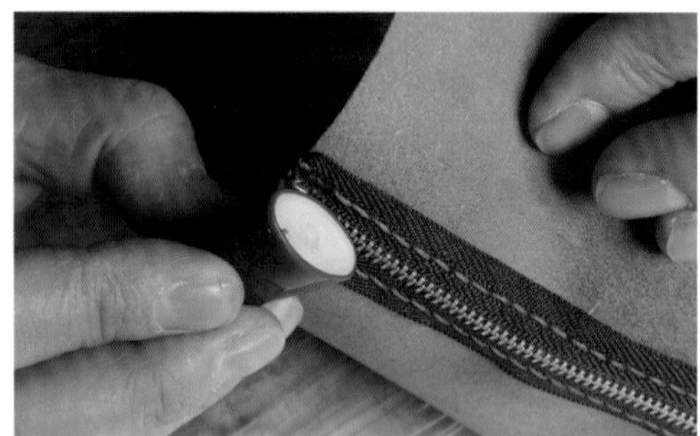

17 將縫合完成的線頭燒熔固定。

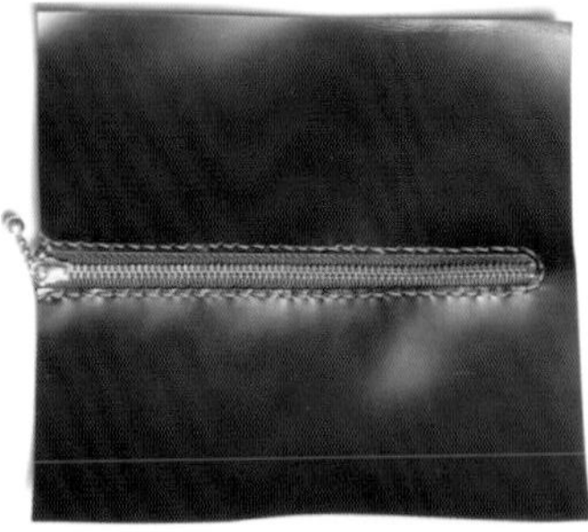

18 零錢袋與拉鏈固定完成的狀態。

固定零錢袋側邊

POINT

19 零錢袋側邊要在拉鏈關閉時，裝在拉鏈頭這一側。

20 側邊下緣肉面層削薄5mm。

刮粗側邊皮料與零錢匣邊緣，塗上G17快乾膠並貼合。
21

22 將貼合完成的側邊與零錢匣邊緣用滾輪壓緊。

23 貼合側邊的部分，從零錢匣表面開手縫孔。

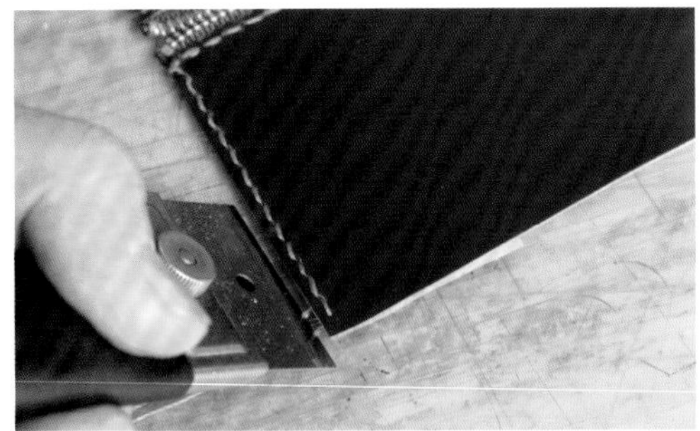

24 縫合零錢匣與側邊皮料，將縫線從內側穿出並固定。

25 將單側完成縫合的側邊皮料對折，並且確實留下折痕。

26 將零錢匣與側面皮料的肉面層邊緣刮粗3mm左右並塗上G17快乾膠。

27 將零錢匣沿拉鏈對折並貼合。

28 零錢匣的製作暫時至此。

縫合零錢匣與內裡

將製作到一半的零錢匣與本體的內裡縫合。零錢匣尚未縫合的部分將與內裡一起縫合。

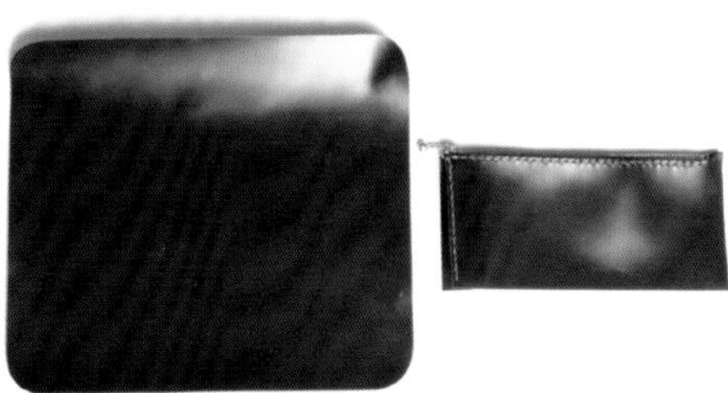

01 準備零錢匣與本體的內裡皮料。

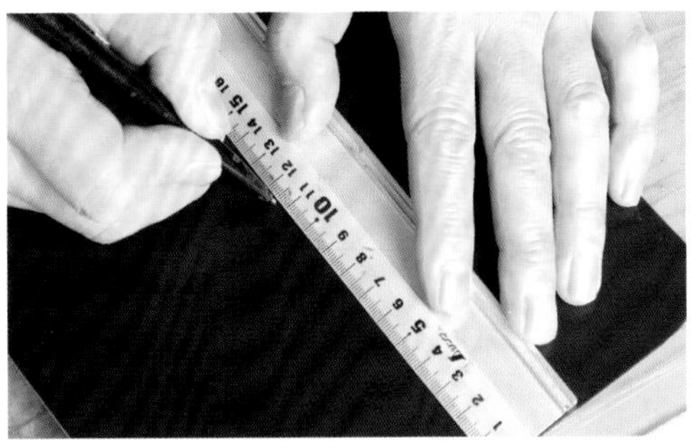

02 在內裡的中心位置做記號。

03 在離中心15mm的位置上做記號，將零錢匣的下緣對齊該記號，決定固定的位置。

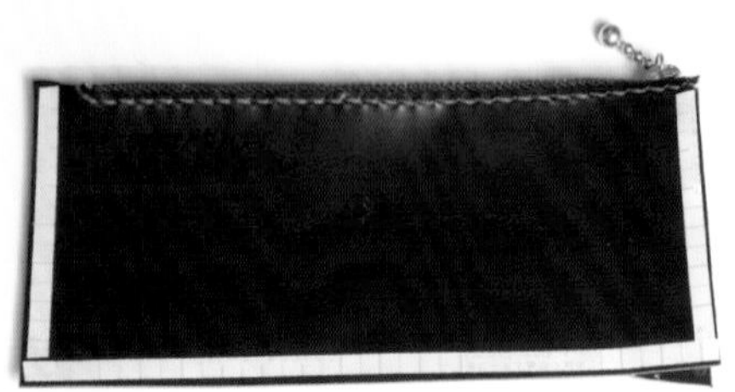

04 除了零錢匣上緣以外的3邊都貼上寬5mm的雙面膠。

05 在步驟03定好的位置貼合零錢匣。

06 貼合的部分用滾輪壓緊。

07 在零錢匣未縫合的2邊開手縫孔。

POINT

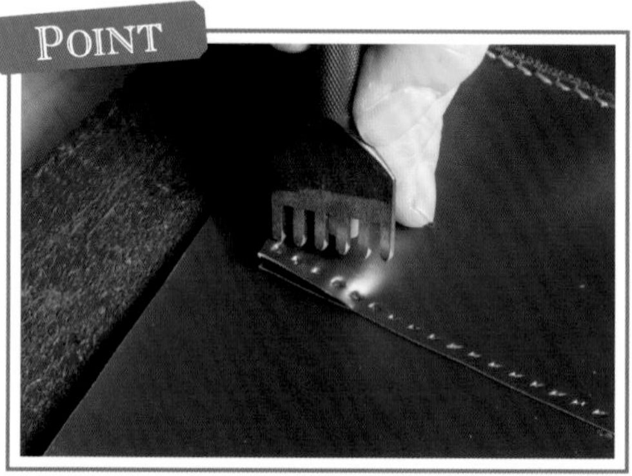

08 與下緣的側邊重疊的部分，連側邊皮料都一起開孔。

09 將側邊皮料掀開，在尚未縫合的一邊開手縫孔。

CHECK

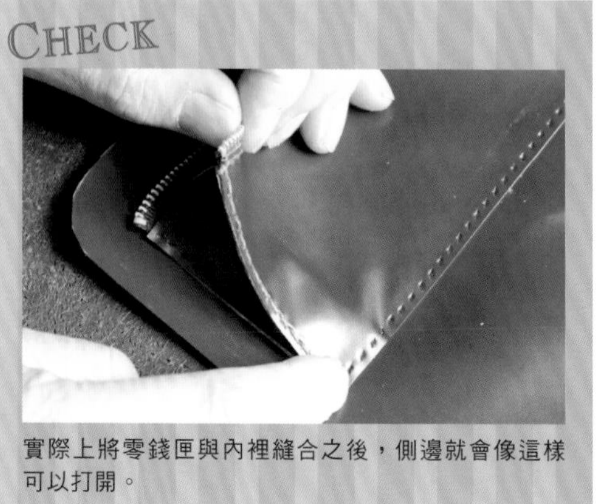

實際上將零錢匣與內裡縫合之後，側邊就會像這樣可以打開。

10 從正面看過去右邊的手縫孔開始縫製。

POINT

11 側邊只有下緣的部分需要將線穿過兩側，下1孔就只需要縫合與內裡貼合的部分。

12 縫到最後1孔時回針，將縫線從內側穿出並收尾。

13 零錢匣與本體內裡縫合完成的狀態。

貼合本體與內裡

將縫合零錢匣的內裡與本體內側貼合。本體與內裡貼合時，需要稍微朝正中間折彎。

01 本體與內裡對齊，在正中間折彎，確認貼合時的形狀。

02 在本體內側塗抹G17快乾膠。

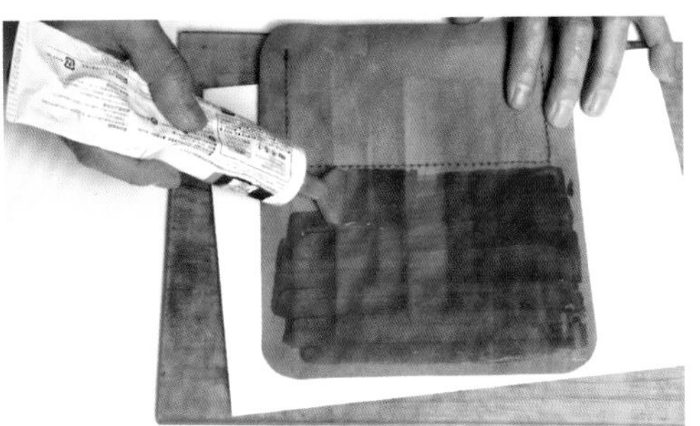

03 內裡的背面也塗上G17快乾膠。

04 與零錢匣縫合的半邊，對齊本體邊緣貼合。

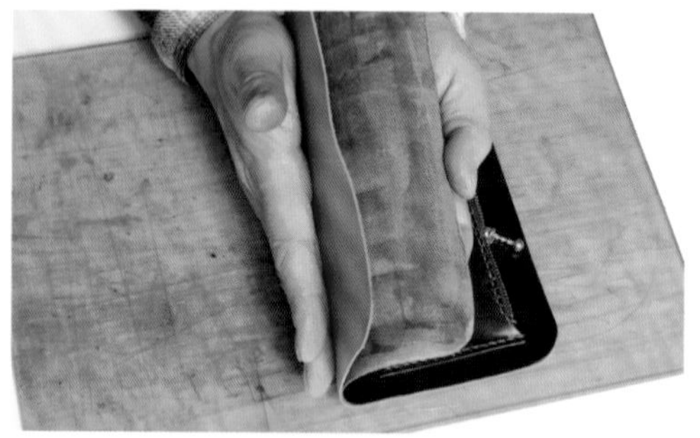

05 在正中間折彎的狀態下，貼合剩下的半邊。

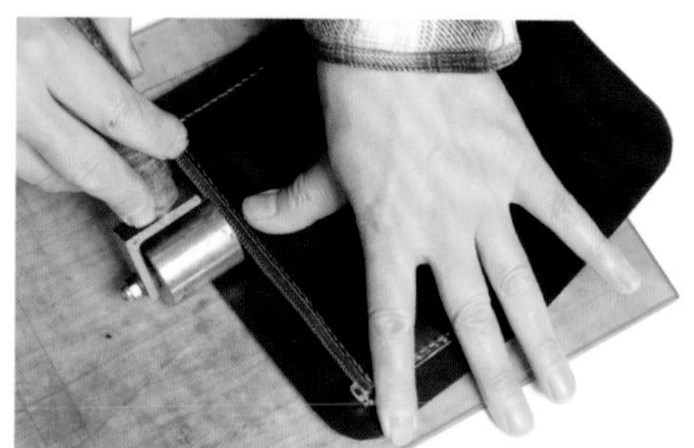

06 全部貼合後，用滾輪壓緊。

07 內裡邊緣會凸出本體，因此需要配合本體形狀裁切。

本體與內裡貼合完成的狀態。

08

開縫線孔與編織孔

接下來要先開好縫合口金的縫線孔、本體與側邊編織用的開孔。口金的孔洞用鑽孔器開孔，而編織孔則使用菱斬開孔。

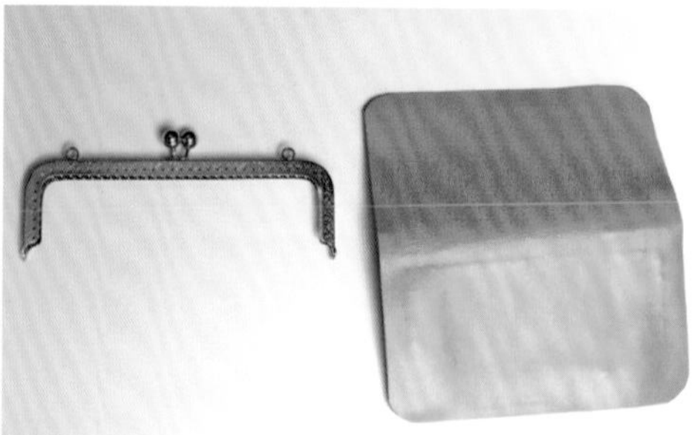

01 準備本體與口金零件。

02 將本體對齊口金固定位置。

POINT

03 在口金開孔位置上做記號。

04 在本體邊緣做好口金縫製位置記號的狀態。

05 對齊記號，使用鑽孔器開孔。

06 在本體兩側邊緣開手縫孔。

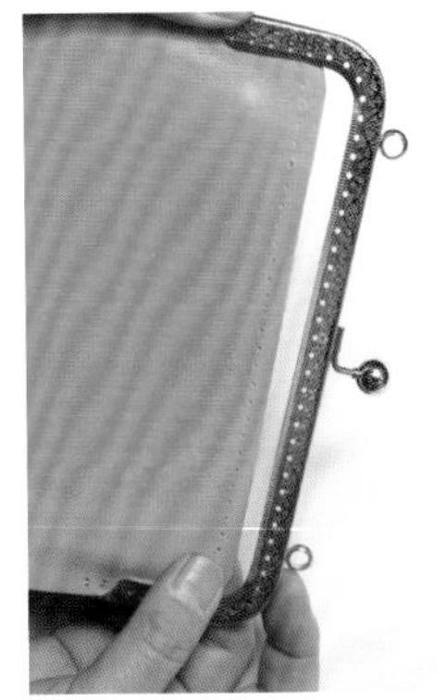

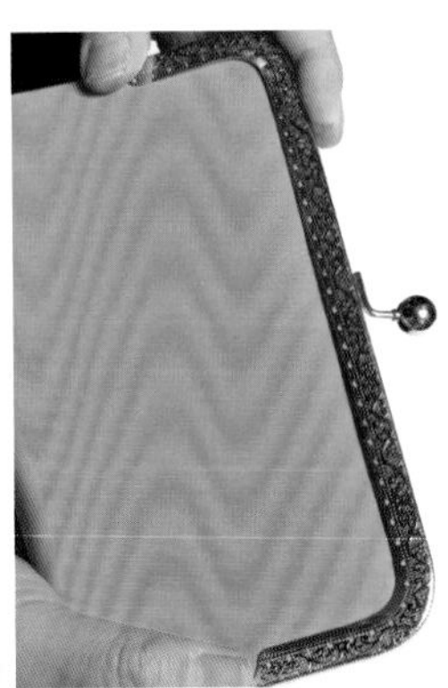

07 開孔完成後對齊口金零件，確認開孔是否吻合。

在沒有開口金縫合孔的部分（側邊中央的部分）以拉溝器畫出寬8mm的線。

08

09 畫好線之後再次將口金對齊皮料，以鑽孔器於前1孔的位置做記號。

10 從步驟09的記號往前1孔，以菱斬做開孔記號。

11 對齊記號開編織孔。

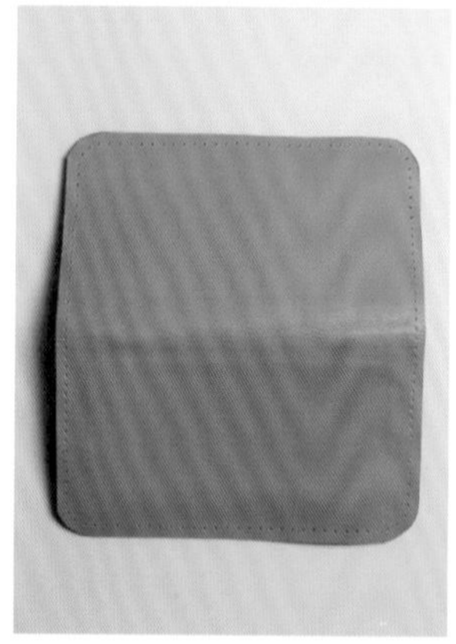

在本體開好手縫孔與編織孔的狀態。
12

固定側邊

在本體左右兩側固定側邊皮料。側邊皮料從口金下方固定。本步驟必須先貼合側邊與本體，進行至在側邊開編織孔為止。

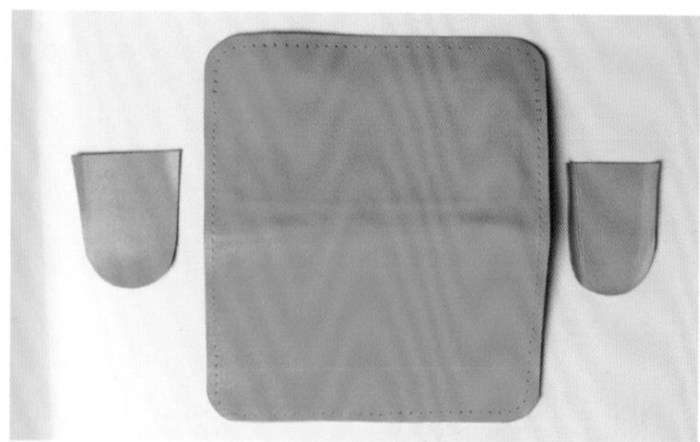

01 準備本體與左右兩側皮料。

側邊皮料之加工

02 將側邊皮料的肉面層，沿邊緣削薄10mm左右。注意上緣不要削薄。

03 除了上緣以外，側邊皮料的表層沿邊緣畫寬10mm的線。

04 在側邊下緣的正中間畫一刀至步驟03的線。

05 左右各斜切一刀，形成如照片中的開口。

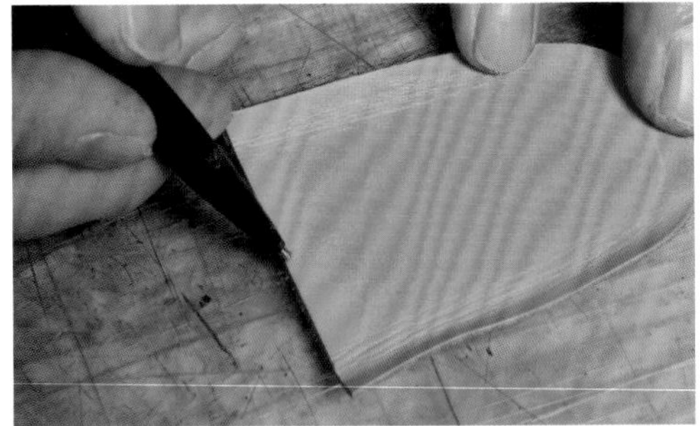

06 在側邊皮料上緣的正中間做記號。

07 分別裁切連接中心至左右兩側的5mm處。

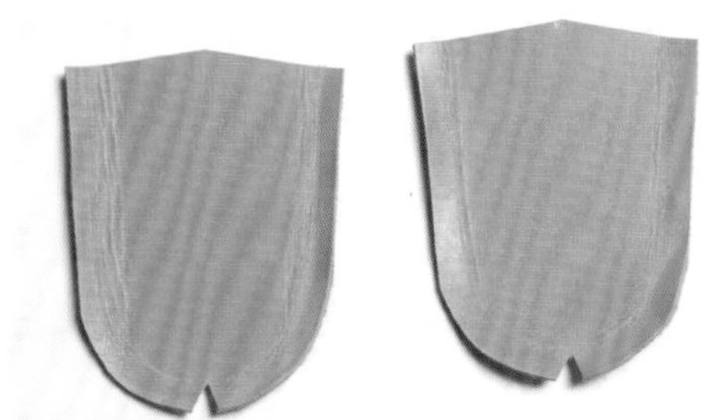

08 側邊皮料形成圖中的狀態。

側邊與本體貼合～開編織孔

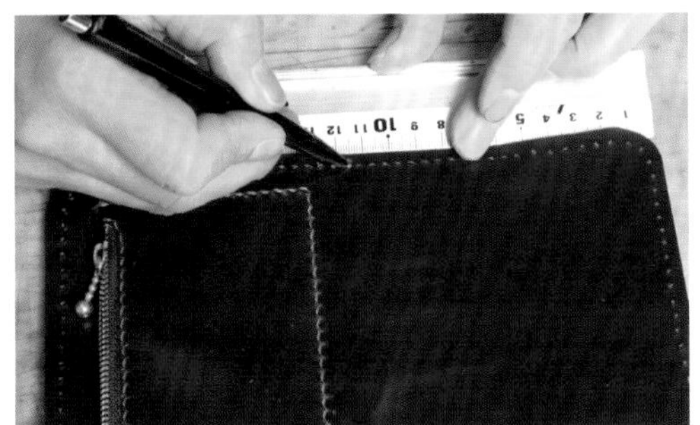

09 在本體內裡的中心位置做記號。

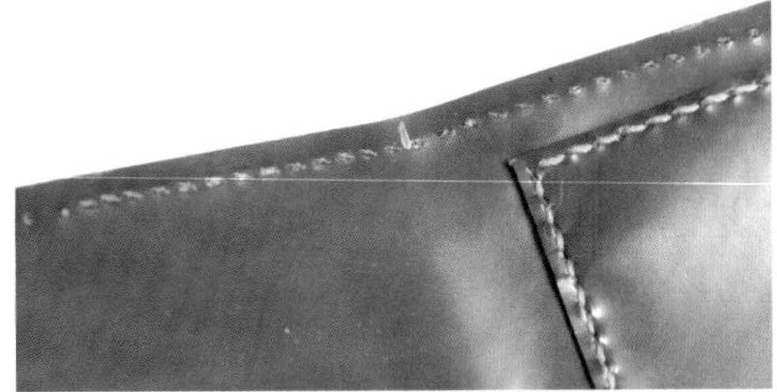

10 以中心位置為基準貼合側邊。

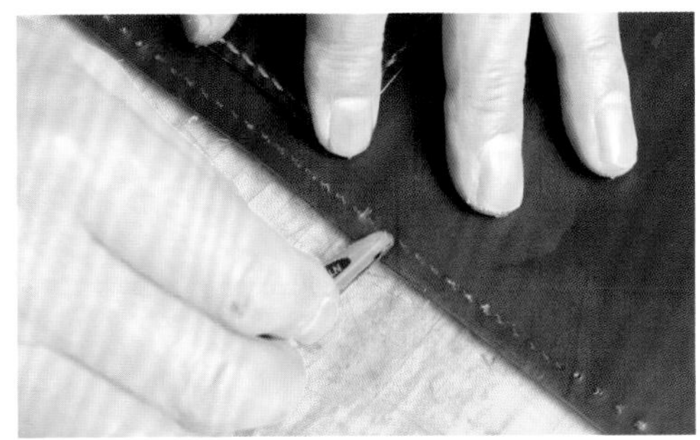

11 開編織孔的內側，使用研磨器刮粗。

12 將刮粗的部分塗上G17快乾膠。

13 在側邊皮料肉面層削薄的部分也塗抹G17快乾膠。

POINT

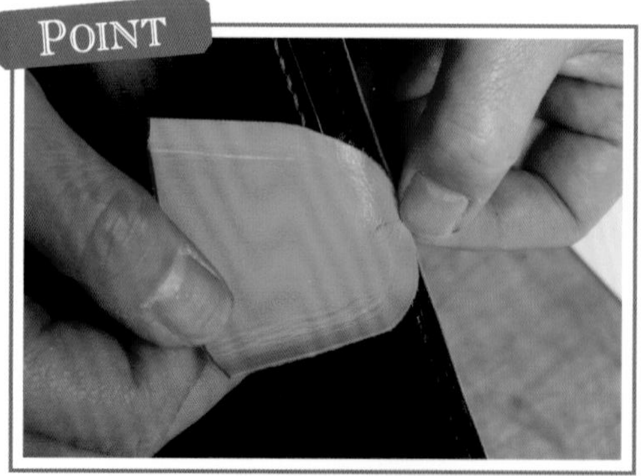

14 對齊步驟09的本體與側邊的中心位置（切口的頂點）並貼合。

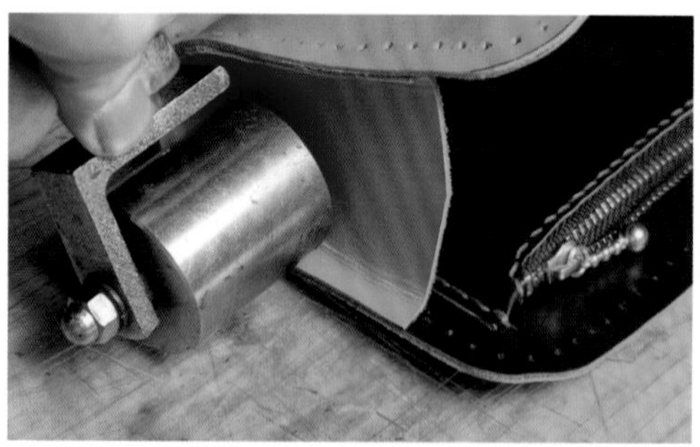

15 將本體底部折彎貼合側邊，貼合的部分以滾輪壓緊。

16 貼合兩側皮料之後，本體就會形成圖中的立體狀態。

CHECK

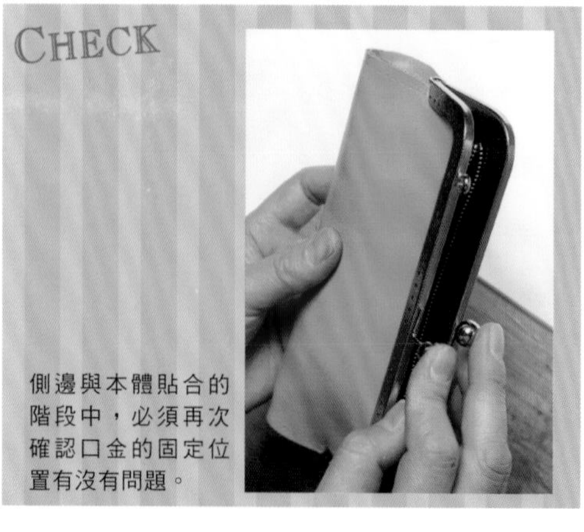

側邊與本體貼合的階段中，必須再次確認口金的固定位置有沒有問題。

17 側邊邊緣若有凸出的部分，必須裁斷統一高度。

口金開孔的部分與側邊貼合處，必須再次以鑽孔器貫通側邊孔洞。
18

19 編織孔的部分與背面貼合的側邊完全一致，因此只要用菱斬再次開孔即可。

底部轉角處使用菱斬較難開孔，若有菱斬夾會比較方便。
20

POINT

21 使用菱斬夾開孔時，每次開孔都要確認位置有沒有偏移。

口金縫製與編織

這款長夾使用開好孔的口金。須對齊口金開孔與本體開孔位置，以雙針縫縫合。口金以外的部分，則以皮繩纏繞編織固定。

本體的開口部分須對齊口金的開孔位置。
01

縫合口金

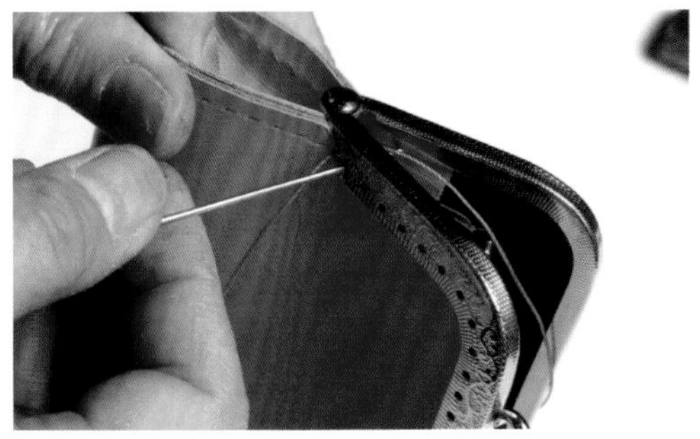

02 從口金旁以鑽孔器開的圓孔穿線，從口金邊緣起針的狀態開始縫製。

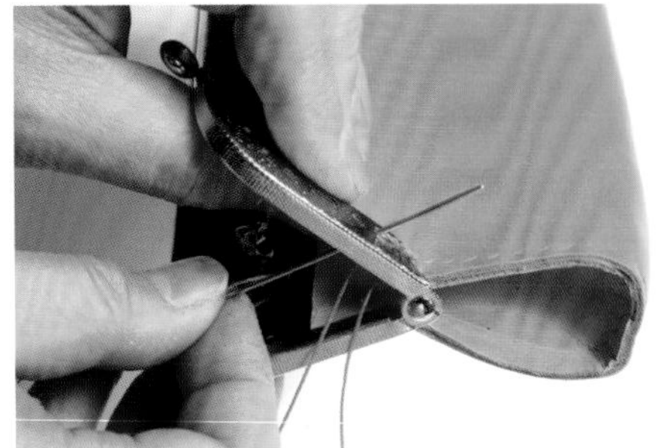

03 以雙針縫縫合至另一側底端的開孔。

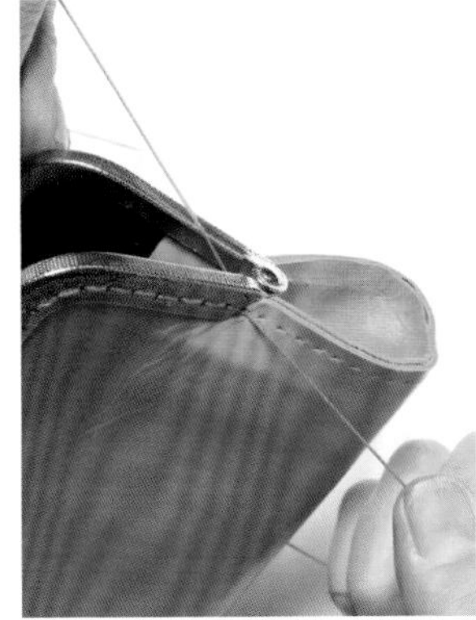

縫到口金外的圓孔後回針。
04

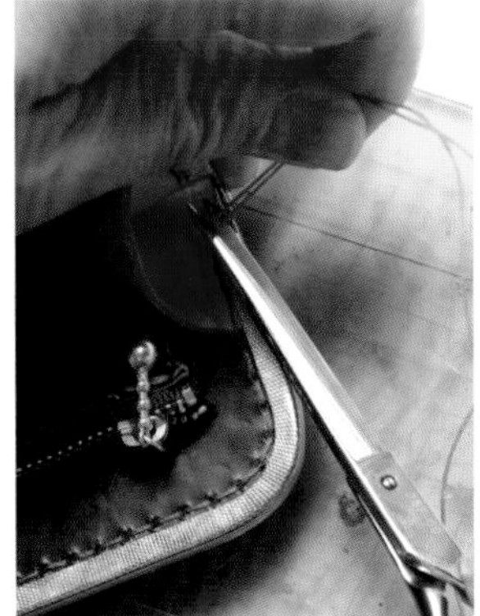

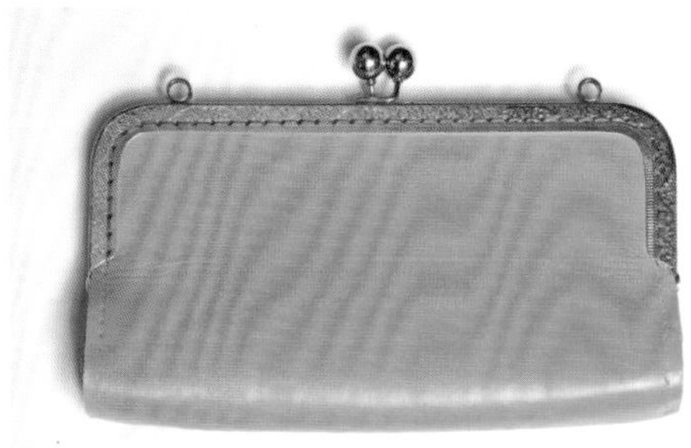

05 回針後縫線由內側穿出，以打火機燒熔固定。

06 本體上已經固定口金的狀態。

側邊的編織

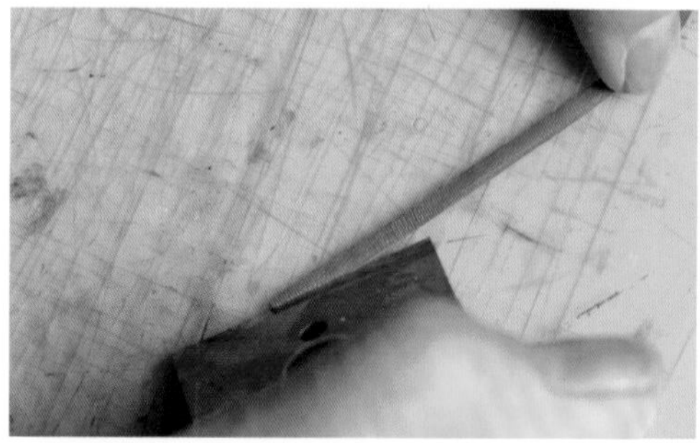

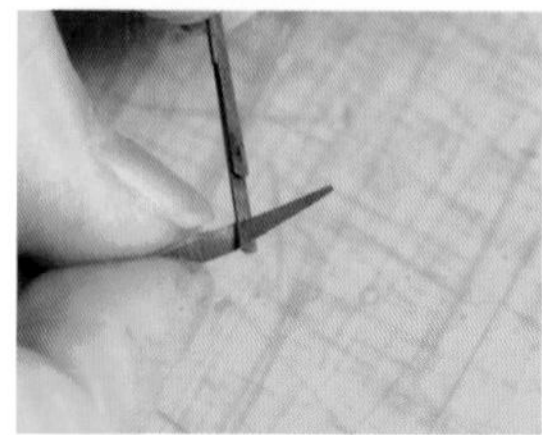

將皮繩的前端斜切一刀，穿過皮繩針。

07

08 將皮繩穿過第1孔，拉出3cm左右的皮繩。

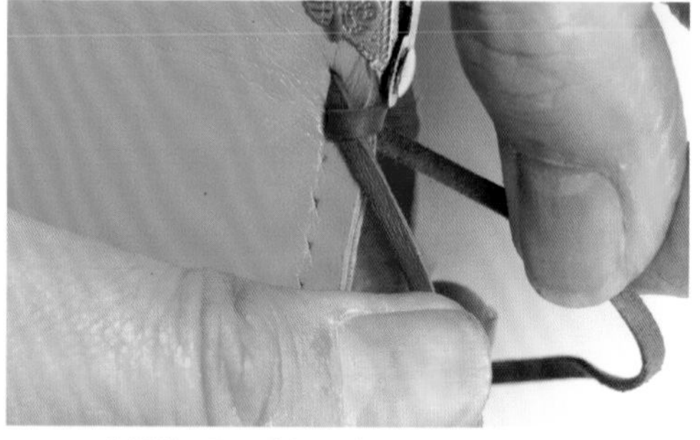

09 穿過第2孔的皮繩下方，夾住剛才拉出3cm左右的皮繩固定。

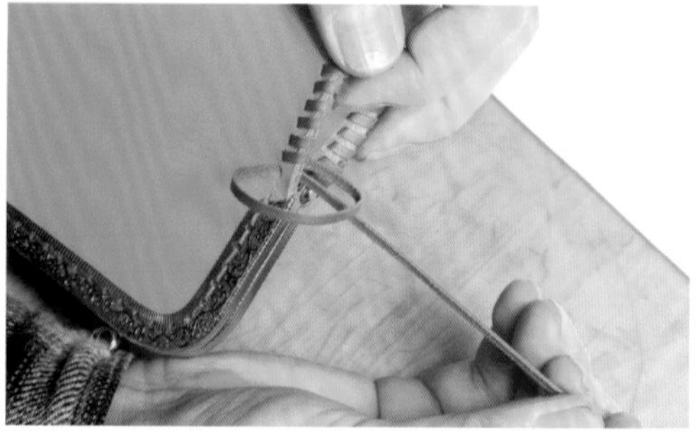

10 繼續編織到最後1孔。

11 編織到最後1孔時，將皮繩穿過前2孔的皮繩環。

12 剪去多餘的皮繩。

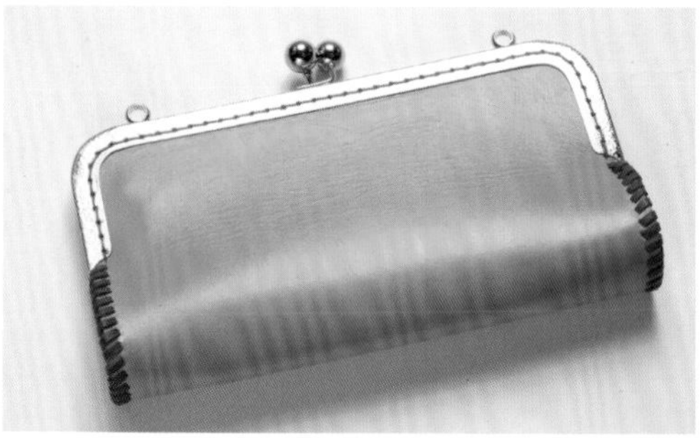

13 本體完成了。

製作卡片匣

這款長夾的卡片匣為可抽取的獨立式卡片袋。雙面皆有卡片匣，共有8個口袋。

01 準備卡片匣A、B、C的零件。

02 削薄卡片匣C上與AB的貼合處。A的下緣與B的3邊肉面層皆須削薄。

CHECK

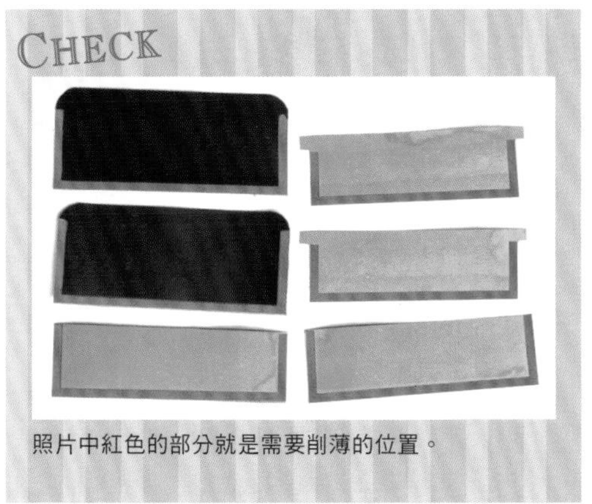

照片中紅色的部分就是需要削薄的位置。

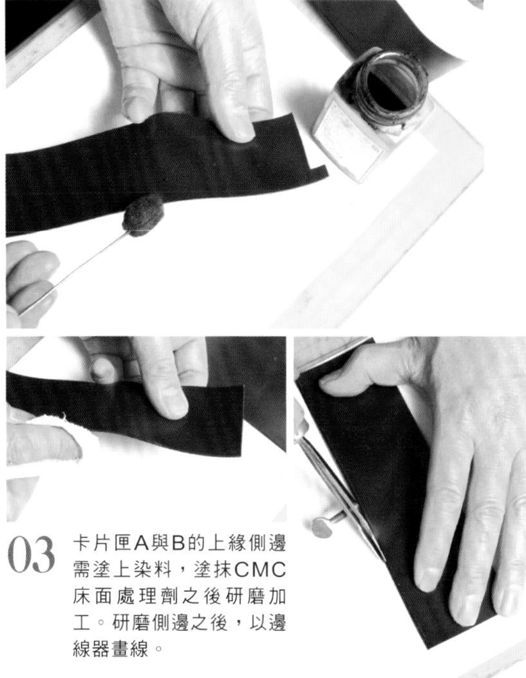

03 卡片匣A與B的上緣側邊需塗上染料，塗抹CMC床面處理劑之後研磨加工。研磨側邊之後，以邊線器畫線。

04 在卡片匣下緣的肉面層，貼上寬10mm的雙面膠。

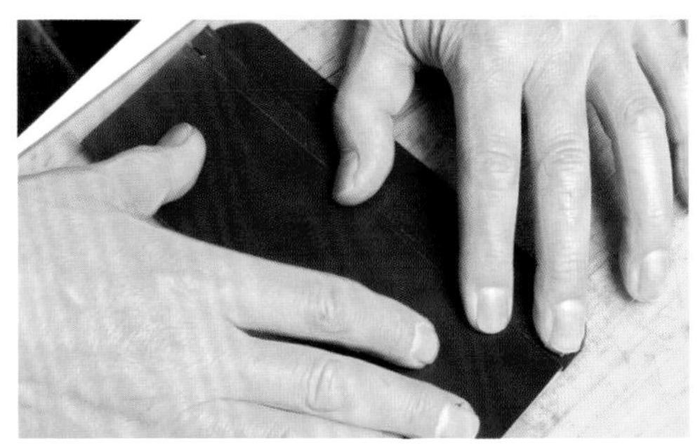

05 對齊卡片匣A、B、C，確認貼合位置。

06 在卡片匣C對應A的凸出位置上塗抹G17快乾膠。

07 在卡片匣A的凸出位置肉面層也塗上G17快乾膠，撕除雙面膠保護膜，與卡片匣C貼合。

08 將貼合的部分以滾輪壓緊。

09 將卡片匣B側邊與底邊肉面層塗抹G17快乾膠。

10 在卡片匣C對應B的貼合位置上塗抹G17快乾膠，貼合後以滾輪壓緊。

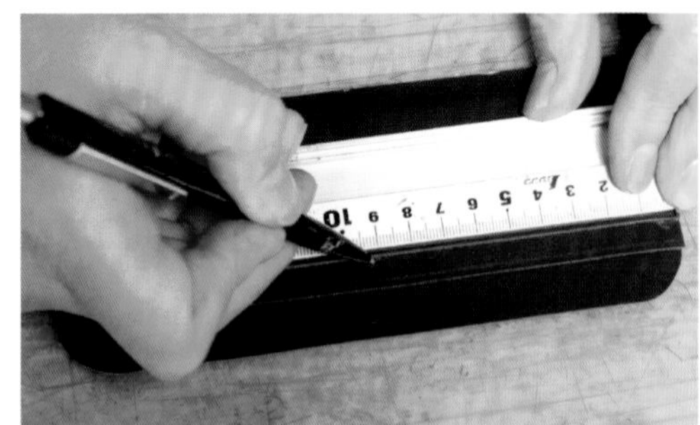

在卡片匣中間畫縫線記號，開孔並縫合完成。
11

12 製作另一組一樣的卡片匣。

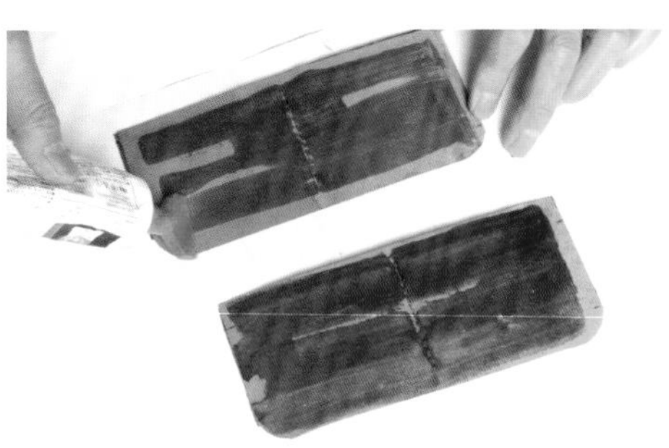

13 在2個卡片匣的背面塗抹G17快乾膠。

14 塗抹G17外乾膠的背面對齊角落後貼合。

15 若有凸出的部分，切齊皮料整理側邊。

16 使用拉溝器從邊緣拉3mm寬的線。

17 對其步驟16的線，以菱斬做開孔記號。

18 用研磨器研磨側邊。

19 在側邊塗抹染料。

在上完染料的側邊塗抹CMC床面處理劑，用廢布研磨。MACK流的作法是用矮玻璃杯做最後研磨加工。

20

沿卡片匣周圍縫合一圈。縫完一圈之後，在起針的位置縫2次，將縫線從內側穿出並收尾。

21

22 縫製完成之後，再度研磨側邊。

POINT

23 卡片匣設計得較窄，從裡面用水沾濕，放進2張卡片撐開皮料。

24 如此便完成卡片匣了。

完成

單一動作就開闔，使用簡便！

口金包只要1個動作就能打開，非常便於取放內容物。卡片匣為獨立式，方便取放卡片。

SHOP INFORMATION

LEATHERCRAFT MACK

手縫的訂製皮革工藝品

萩原敬士 先生

不僅以髮型師的身分在隔壁的自營美髮店工作，也以MACK店主人的身分天天創作新作品，是一位才華洋溢的人物。

LEATHERCRAFT　MACK位於東京吉祥寺十分繁榮的大正通深處。MACK基本上以訂製品為主，木製風格的店鋪內陳列各種商品的樣本。商品以手縫款為基礎，不只有皮夾與包款，也有狗狗項圈或機車包，商品種類繁多是一大特色。可配合客戶需求選擇皮革。該店擅長創作絕無僅有的新商品，歡迎提出自己的需求。相信該店一定能製作出令人滿意的作品！

1.基本款的手帳封面和飛鏢包等商品，都用MACK流的方式研磨加工。 2.掛在腰上的工具包是最擅長的設計商品。 3.錢包除了基本款以外也可以依照需求訂製。 4.包款從兼顧造型到柔和設計的款式一應俱全。 5.狗狗項圈也是店內的人氣商品。 6.店內也販售各種原創金屬釦。

SHOP DATA

LEATHERCRAFT　MACK

東京都武藏野市吉祥寺本町2-31-1

Tel.0422-22-4440

公休日 星期二・第3個星期三

營業時間 11:00～20:00

L SHAPE FASTENER

L形拉鏈長夾

L形拉鏈長夾是現在最受歡迎的款式。中間的零錢匣不封口，只要拉起拉鏈零錢就不會掉出來。就算容納6吋智慧型手機，拉鏈也能開闔。

製作＝草賀浩司（Craft公司）／攝影＝小峰秀世

PARTS 材 料　零件、皮料皆使用原厚度1～1.3mm的鋼琴革。

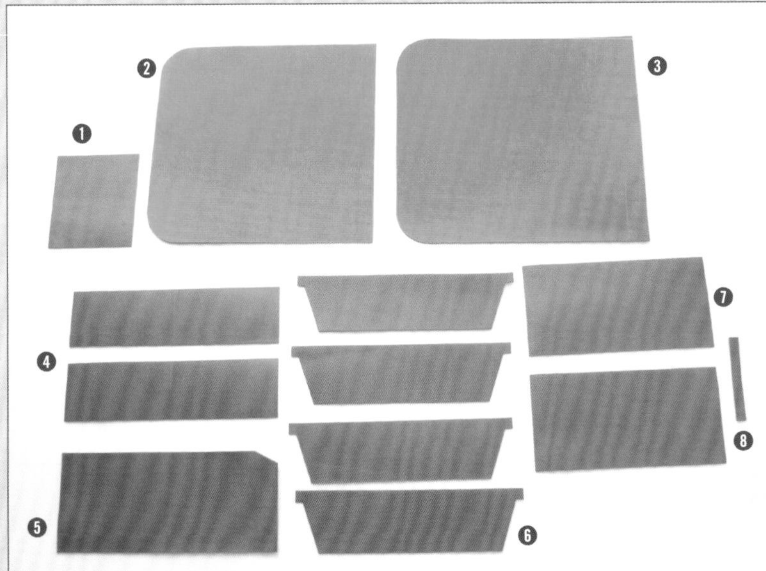

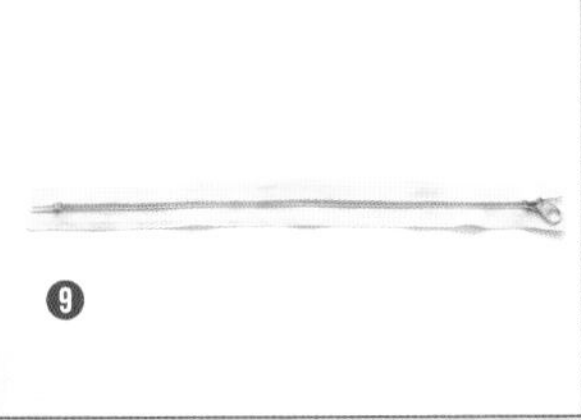

❶ **側邊**：鋼琴革／厚1～1.3mm
❷ **本體內裡**：鋼琴革／厚1～1.3mm
❸ **本體**：鋼琴革／厚1～1.3mm
❹ **卡片匣B**：鋼琴革／厚1～1.3mm×2
❺ **鈔票匣夾層皮料**：鋼琴革／厚1～1.3mm
❻ **卡片匣A**：鋼琴革／厚1～1.3mm×4
❼ **零錢匣**：鋼琴革／厚1～1.3mm×2
❽ **拉鏈把手**：鋼琴革／厚1～1.3mm
❾ **拉鏈**：5mm／300mm

※各零件對齊紙型，事先標記「縫線基準點」以及「貼合位置」。

TOOLS 工 具　只需使用手縫皮革的基本工具即可製作。

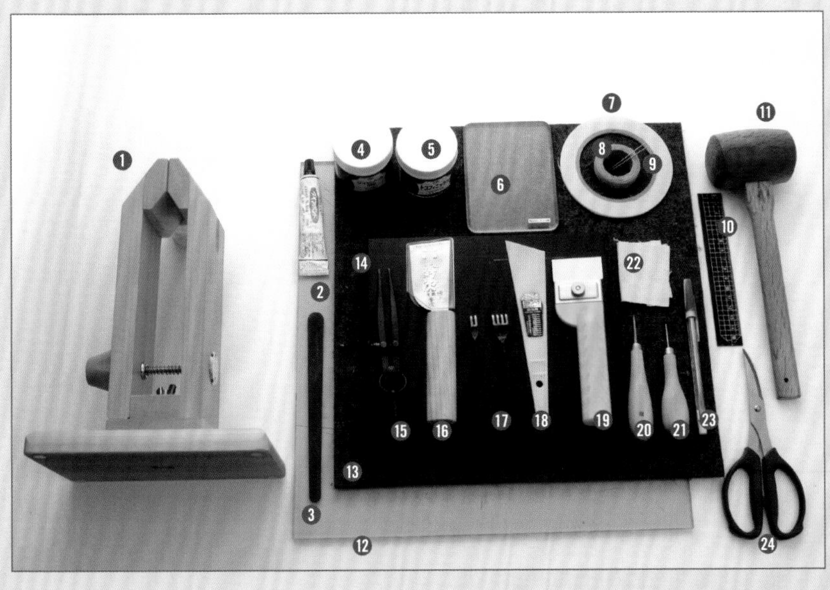

❶ 桌上型手縫固定夾
❷ DIABOND強力膠
❸ 研磨片
❹ 白膠
❺ 床面處理劑
❻ 玻璃板
❼ 雙面膠（2mm寬）
❽ 手縫蠟線（細）
❾ 手縫針
❿ 直尺
⓫ 木槌
⓬ 塑膠板
⓭ 毛氈布
⓮ 膠板
⓯ 間距規
⓰ 裁皮刀
⓱ 菱斬：2頭、4頭
⓲ 上膠片
⓳ 可替式裁皮刀
⓴ 菱錐
㉑ 圓錐
㉒ 磨邊帆布
㉓ 銀筆
㉔ 剪刀

拉鏈的事前處理

事先處理這款長夾的中心零件—拉鏈。將拉鏈兩端內折，在拉鏈頭上固定拉把。

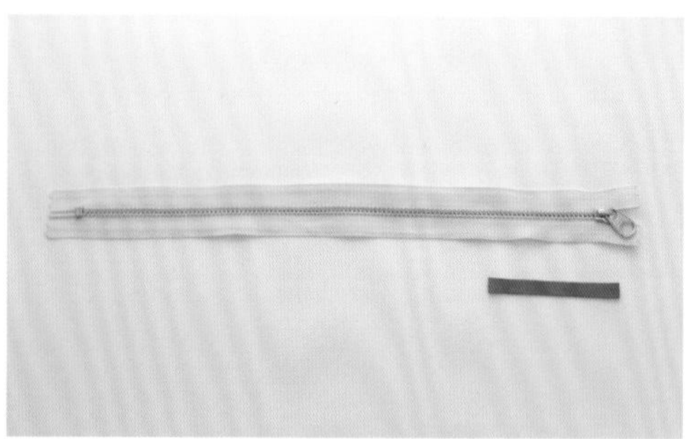

01 準備拉鏈與把手零件。

處理拉鏈

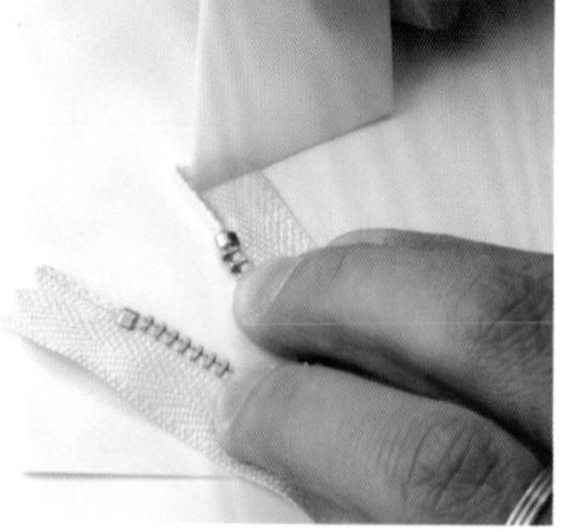

02 將拉鏈翻到正面，從拉鏈底端到拉鏈上止的區間塗抹DIABOND強力膠。

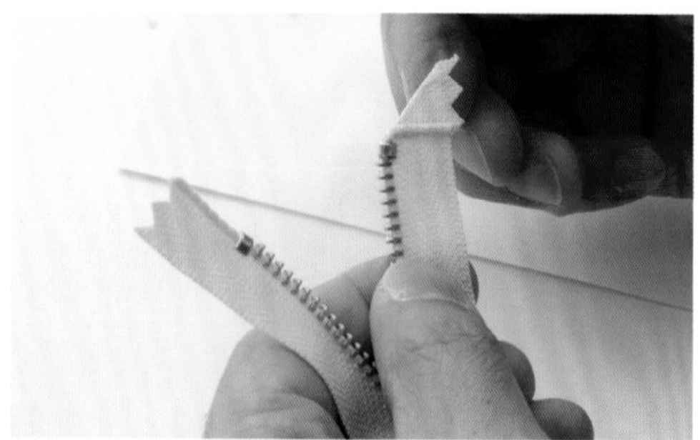

03 將拉鏈的底端如圖中所示折成90度貼合。

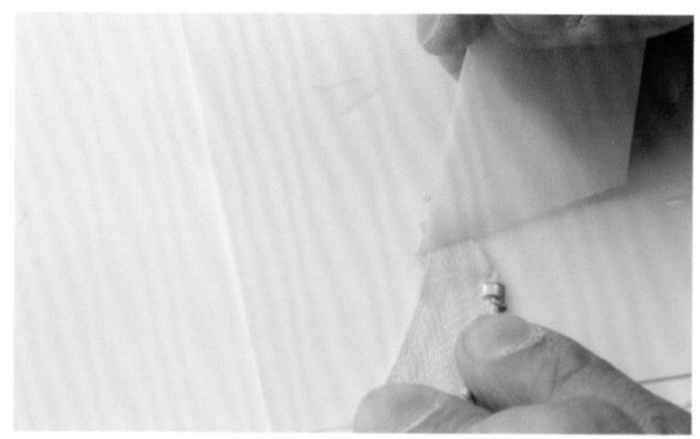

04 貼合拉鏈底端後，在內側的三角形部分塗上DIABOND強力膠。

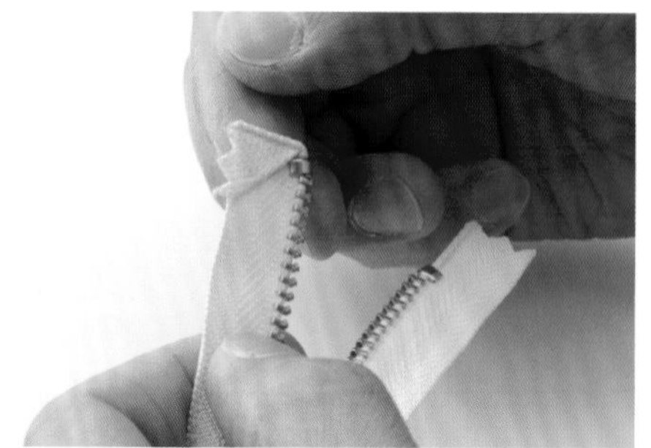

05 將底端折回，貼合成如圖所示的狀態。

06 將凸出的部分剪齊。

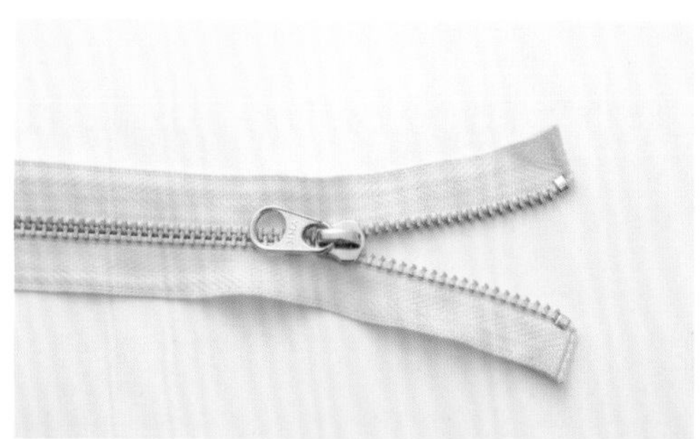

07 用相同的方式在拉鏈上止兩側加工。（※下止側不加工。）

固定把手

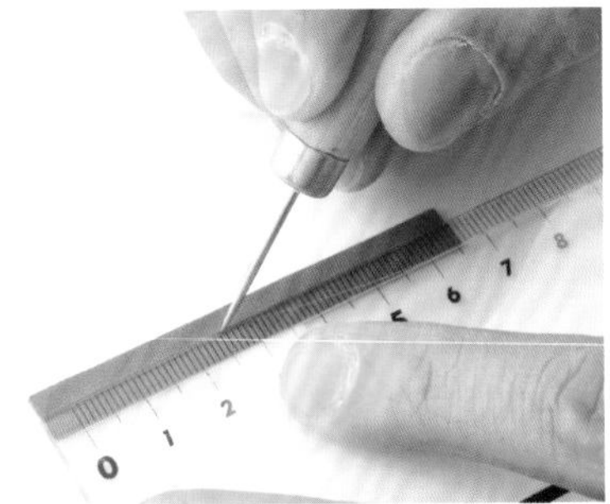

08 在把手中心畫出縫線位置。

09 於拉把肉面層塗抹白膠。

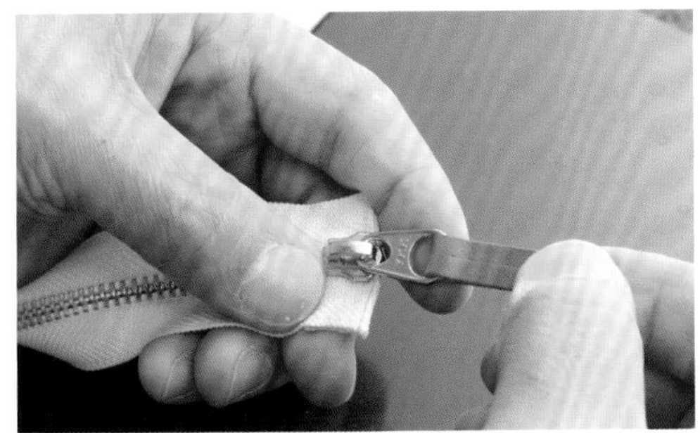

10 在拉鏈頭上的金屬拉把孔中，穿過皮革並貼合肉面層。

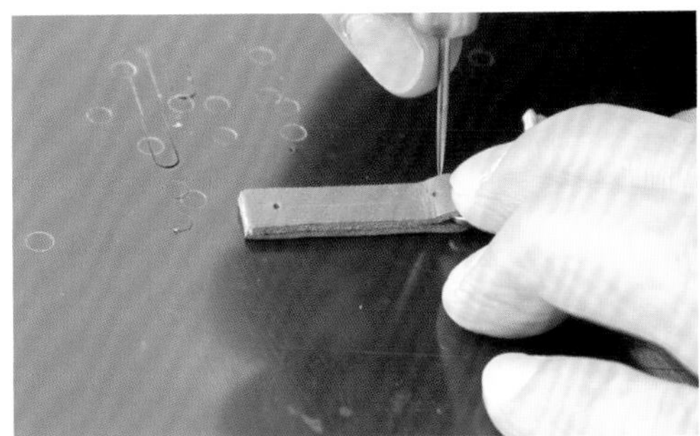

11 以圓錐在把手上開基準點圓孔。

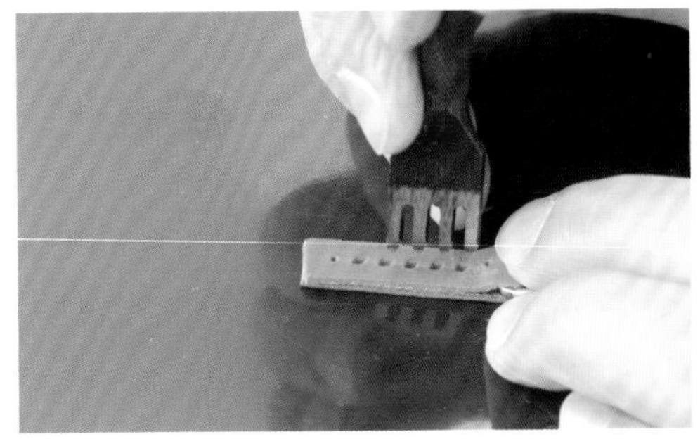

12 用菱斬在基準點之間開手縫孔。

13 回2針之後開始縫製。

14 縫製完成後回針2孔，從兩側穿出縫線。

15 將縫製完成的縫線，緊貼皮料正面剪除。

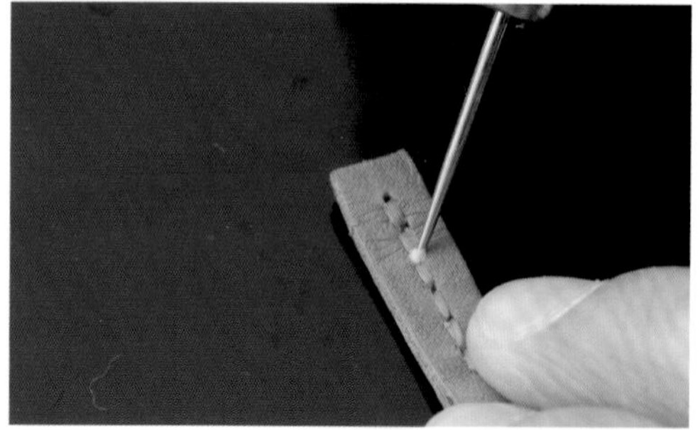

16 在剪除的線頭上塗抹白膠，固定手縫線。

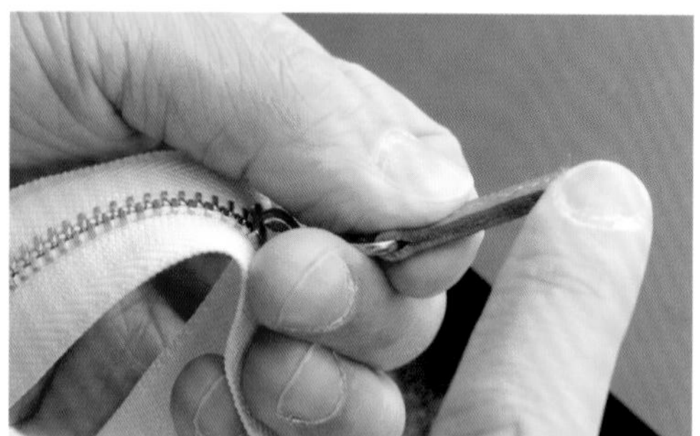

17 在把手側邊塗抹床面處理劑。

18 將塗抹過床面處理劑的把手，以帆布研磨。

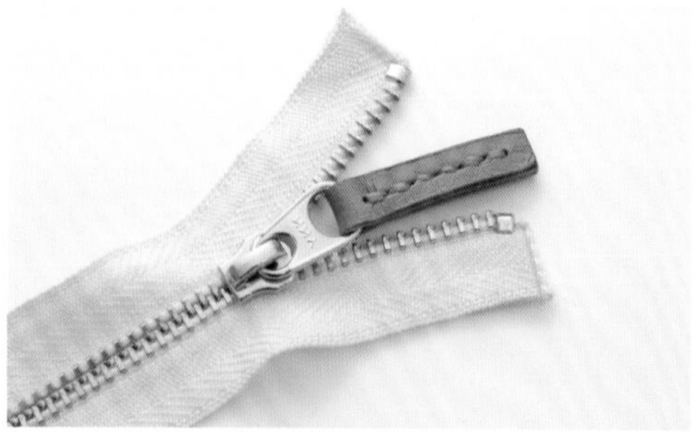

19 如此，拉鏈的事前準備工作便完成了。記住拉鏈下止側不加工。

各零件的事前準備

肉面層露出的各零件要進行研磨，縫製前也必須在側邊加工。

01 準備需要事前處理肉面層的零件。（除了本體與本體內裡以外的零件。）

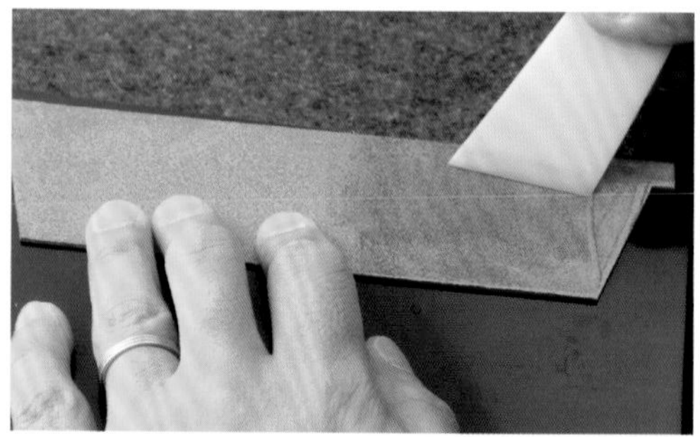

02 在肉面層塗抹床面處理劑。

03 將塗抹完床面處理劑的肉面層，以玻璃板確實研磨。

04 鈔票匣夾層、卡片匣A、卡片匣B需事先研磨紅線部分的側邊。

05 在側邊塗抹床面處理劑。注意不要抹到皮料正面。

06 將塗抹床面處理劑的側邊以帆布研磨。

卡片匣兼鈔票匣夾層加工

打開長夾時，右側的卡片匣也兼具鈔票夾層的功能。先以獨立零件的方式製作，再與本體縫合。

01 準備卡片匣A、卡片匣B、鈔票匣夾層皮料。

02 在卡片匣A肉面層，從底邊畫一條寬8mm的線。

POINT

03 從步驟02的線往前斜削皮料。將2張卡片匣A的皮料都先削薄。

04 削薄卡片匣A肉面層的狀態。

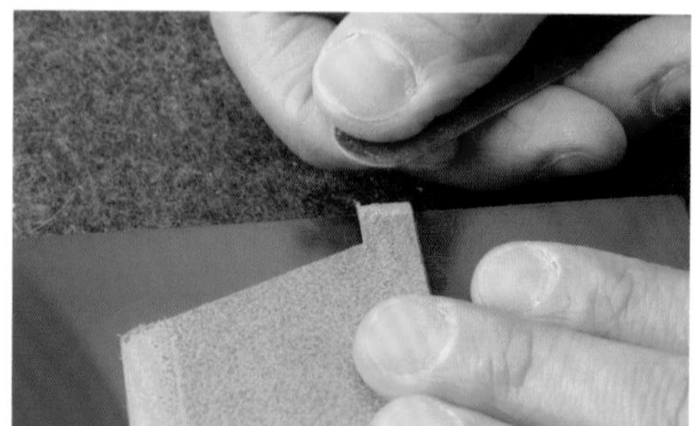

05 卡片匣A的凸出位置肉面層，以研磨片刮粗。

06 鈔票匣夾層與卡片匣貼合處，從邊緣刮粗3mm。

07 將鈔票匣夾層下緣位置的線向上刮粗。

08 在卡片匣A下緣與凸出位置的肉面層塗抹白膠。

09 在鈔票匣夾層與卡片匣A貼合處也塗抹白膠。

10 對齊凸出位置，在鈔票匣夾層上貼合卡片匣A。

11 確認好貼合位置後，確實壓緊。

12 在卡片匣A下緣畫出寬3mm的縫線位置。

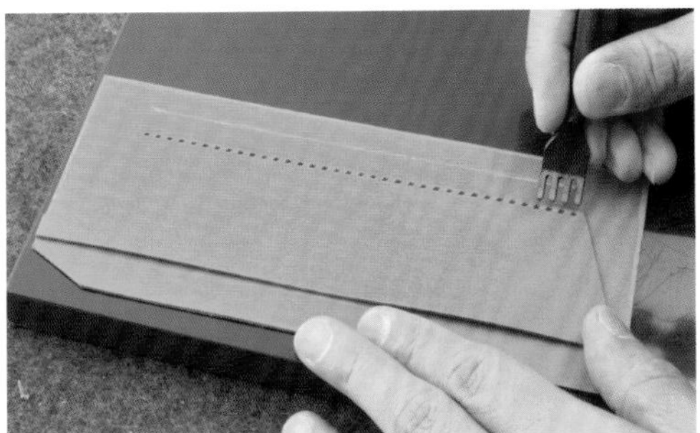

13 對齊縫線位置開孔。

將卡片匣A下緣縫合。
起針與結尾都要回2針。
14

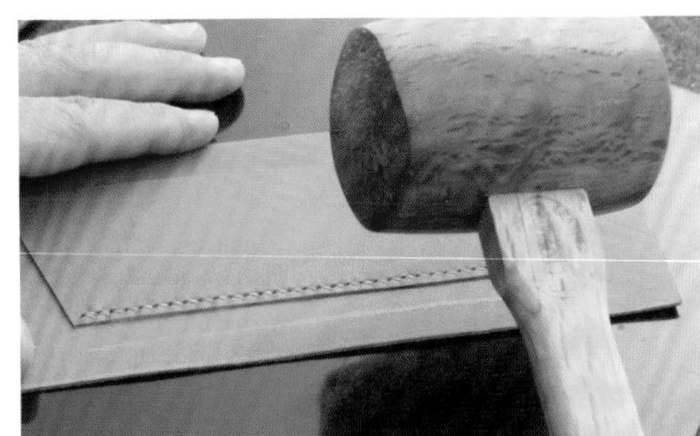

15 用木槌中腹敲打，讓針腳更服貼。

16 用帆布摩擦針腳，盡量將蠟擦掉。

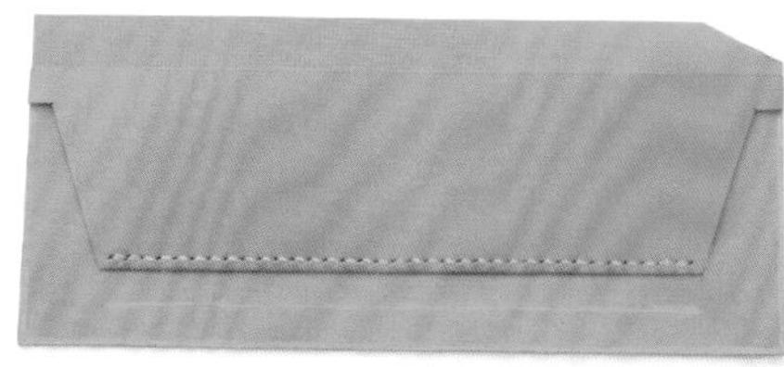

17 最上層的卡片匣A與鈔票匣夾層縫合的狀態。

18 對齊凸出位置，貼合第2張卡片匣A。

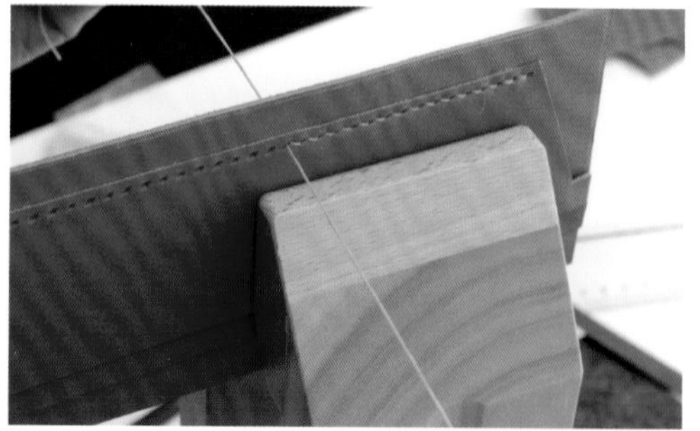

19 下緣用一樣的方式縫合。

20 第2張的卡片匣A與鈔票匣夾層縫合的狀態。

21 卡片匣B的側邊與底邊肉面層，從邊緣刮粗3mm。

在貼合位置塗抹白膠，將卡片匣B與鈔票匣夾層貼合。

22

23 與卡片匣B貼合的狀態。

24 在卡片匣A的中心位置做記號。

25 用圓錐在卡片匣B的手縫中心基準點開圓孔。

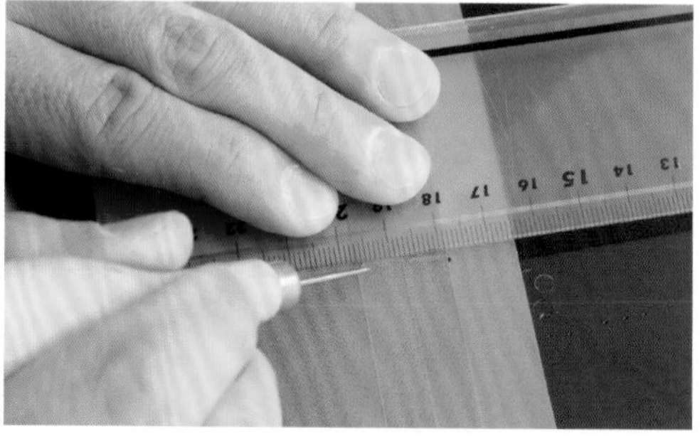

26 在卡片匣的中心畫線。

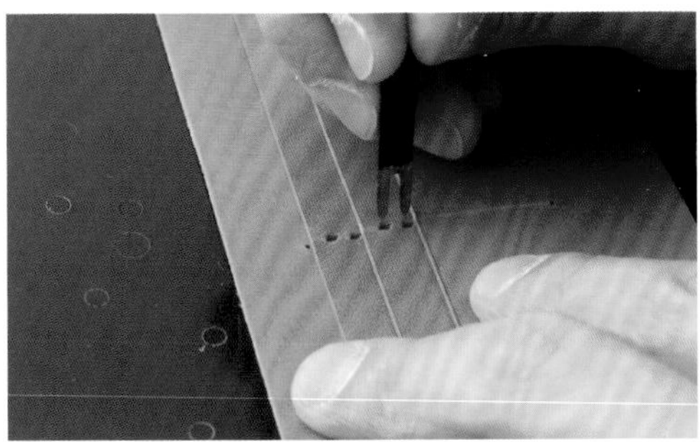

27 對齊縫線記號開孔。用圓錐在最上端的卡片匣A邊緣開基準圓孔。

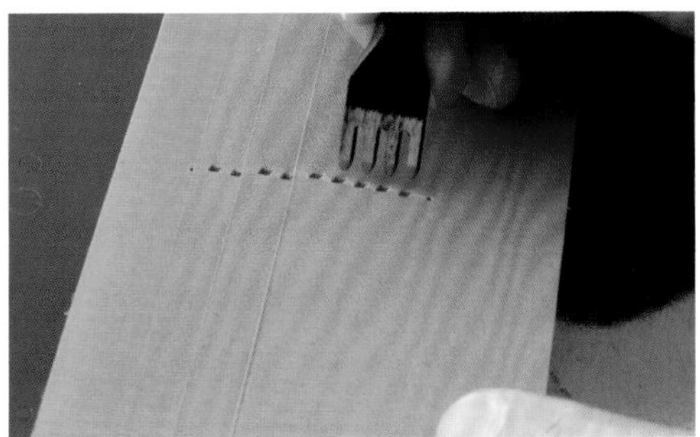

28 注意避開高低差，在基準點之間開孔。

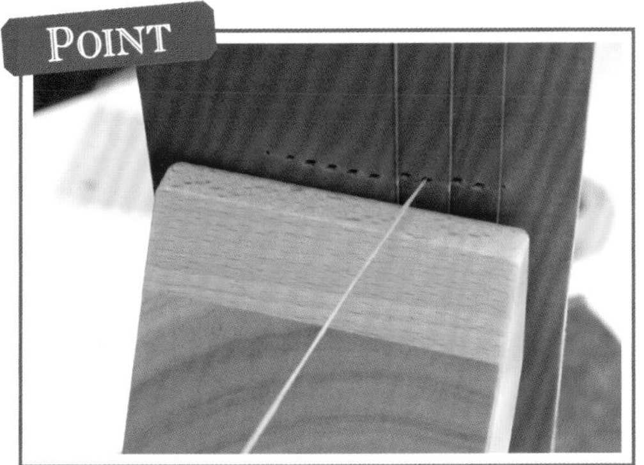

29 考量回針步驟，這次從第4孔穿線。

30 回針至上緣的基準點。

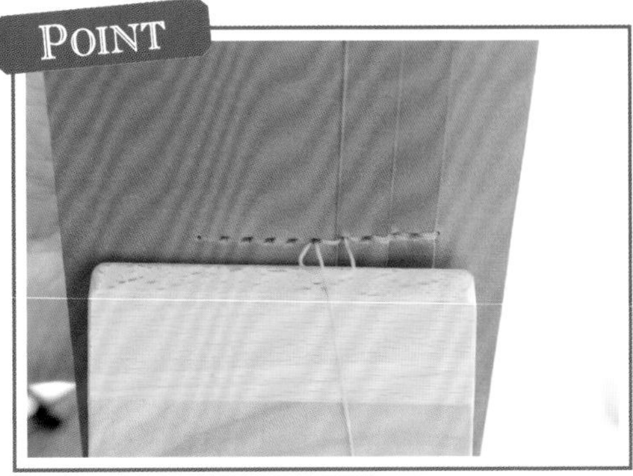

31 從上緣的基準點縫到下緣的基準點。卡片匣B有高低差的位置需縫2針。

32 縫製到下緣的基準點後，回2針將縫線從兩面穿出。

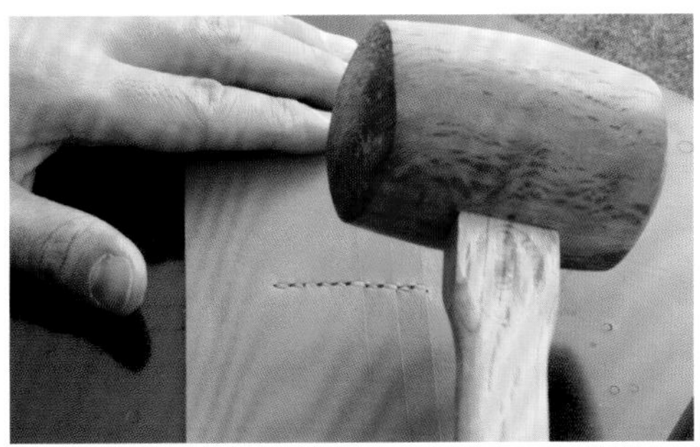

33 縫線收尾後，用木槌中腹敲打讓針腳服貼。

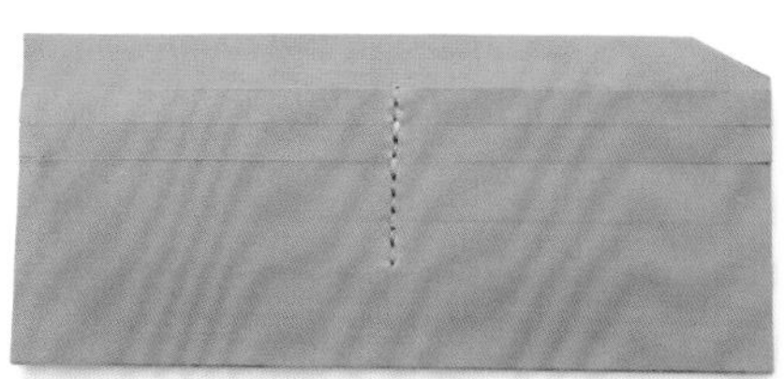

34 卡片匣中心部分完成縫合的狀態。

35 與零件貼合的側邊，以研磨片研磨，統一高度。

36 從最上方的卡片匣邊緣，畫出ㄈ字形的3mm縫線記號。

37 對齊縫線，在高低差的部分用圓錐開圓孔。從這裡開始到步驟42為止，都只處理零件的右側部分。

38 轉角的部分是基準點，要在此處開圓孔。

39 卡片匣A的凸出部分很狹窄，只能開1個孔，請用菱錐開孔。

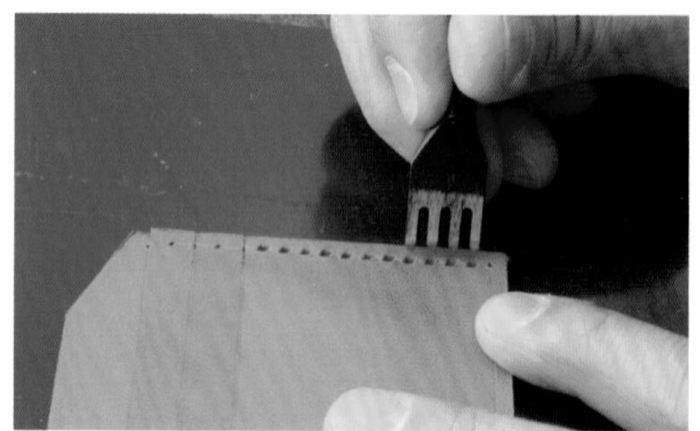

40 開孔至轉角處。

41 回2針之後開始縫製。

42 卡片匣B高低差的部分須縫2針，卡片匣A的高低差處只要回針就會形成雙重縫線。

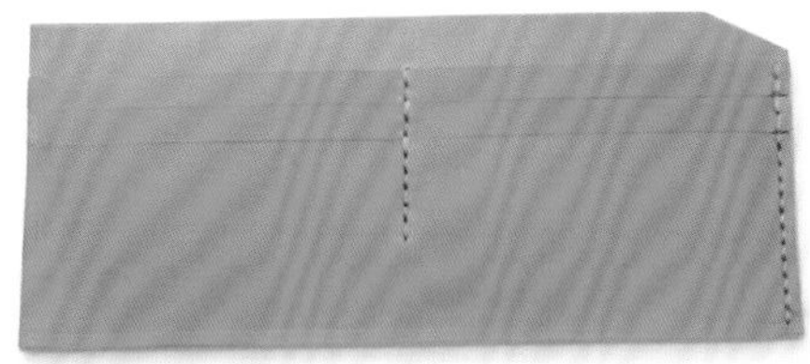

43 卡片匣側邊縫合完成的狀態。

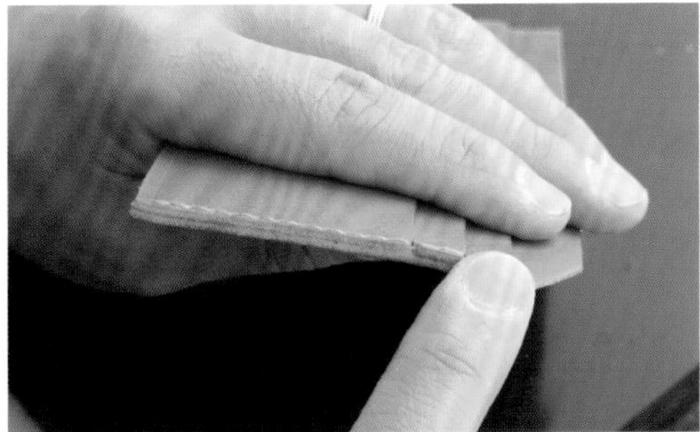

縫合完成的側邊與尚未縫合的左側側邊、底部側邊都用研磨片研磨整形，塗抹床面處理劑並研磨。
44

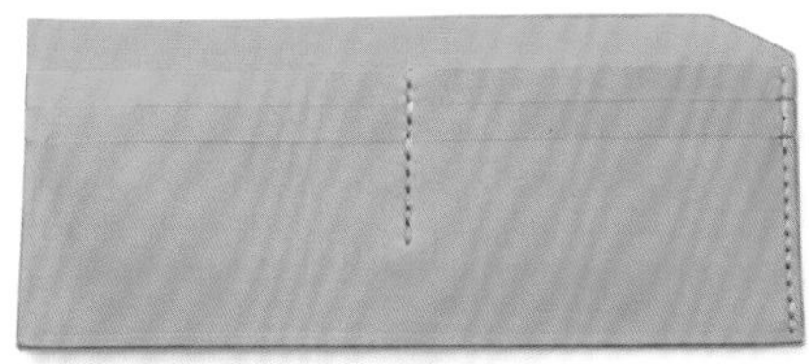

45 卡片匣兼鈔票匣夾層，先加工到這個狀態。

本體與內裡的事前準備

本體與內裡需先開手縫孔。本體與內裡的尺寸有些許差距，必須錯開半面開手縫孔。

01 準備本體與本體內裡皮料零件。

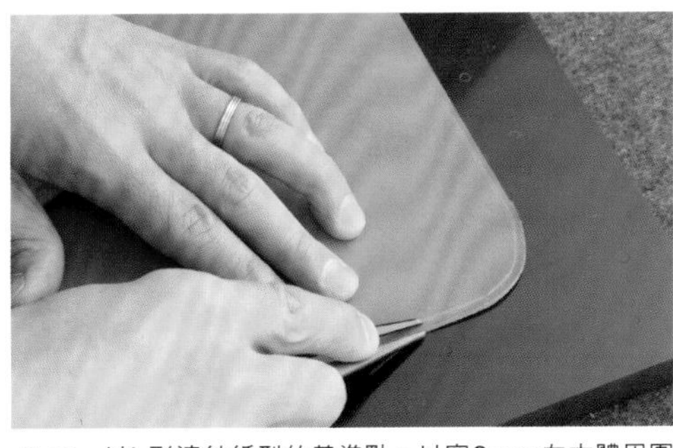

02 以L形連結紙型的基準點，以寬3mm在本體周圍畫線。

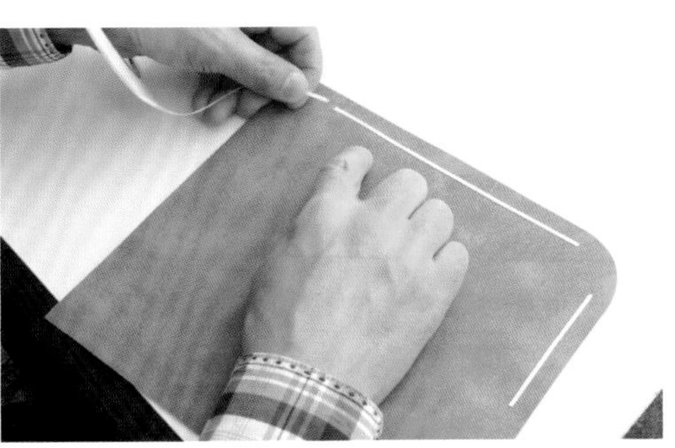

03 本體內裡貼上暫時貼合用的雙面膠。

04 對齊單側的邊緣，將本體與內裡暫時貼合。

CHECK

對齊單側邊緣之後，另一側的邊緣會出現5mm左右的落差。

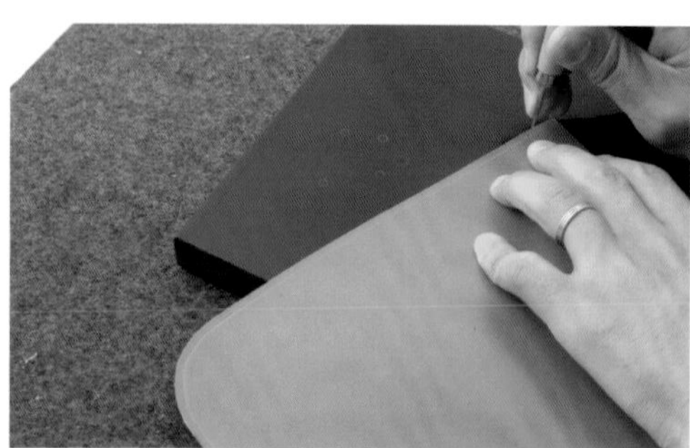

05 翻面從本體的表層，在縫線記號的兩端以圓錐開基準孔。

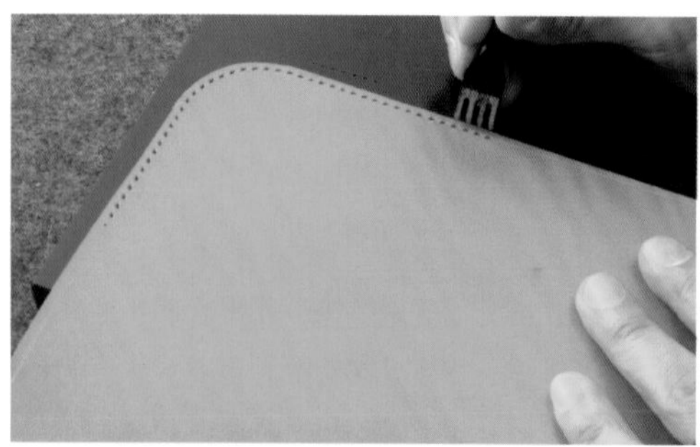

06 與步驟05相同，在本體表層的基準點之間，以菱斬開手縫孔。

07 開孔後，將暫時固定的本體與內裡分開。

08 殘留在肉面層的雙面膠，需撕除乾淨。

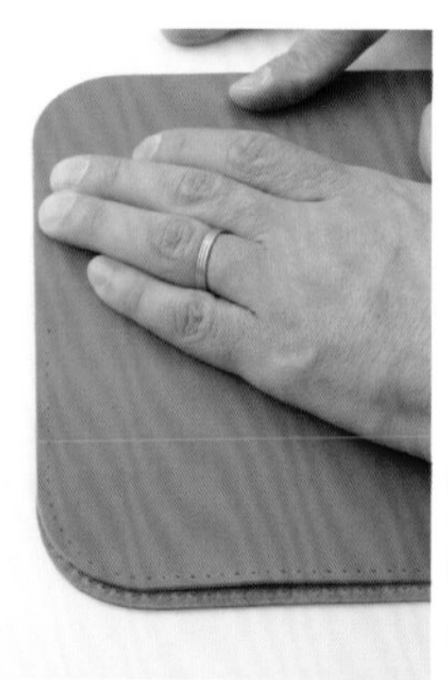

對齊尚未開孔的另一側，將本體與內裡像步驟03一樣暫時貼合。

09

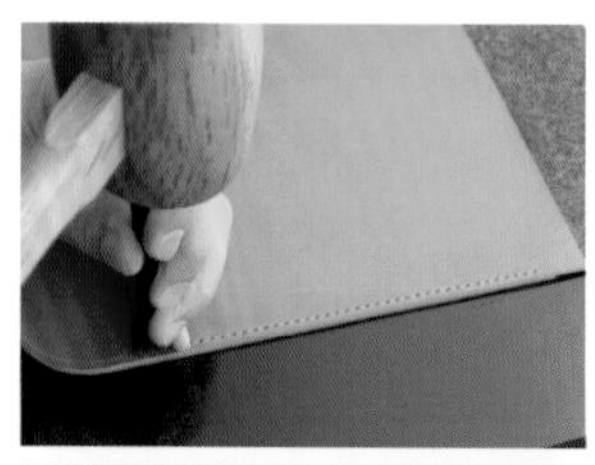

和剛才一樣，在這一側開孔。

10

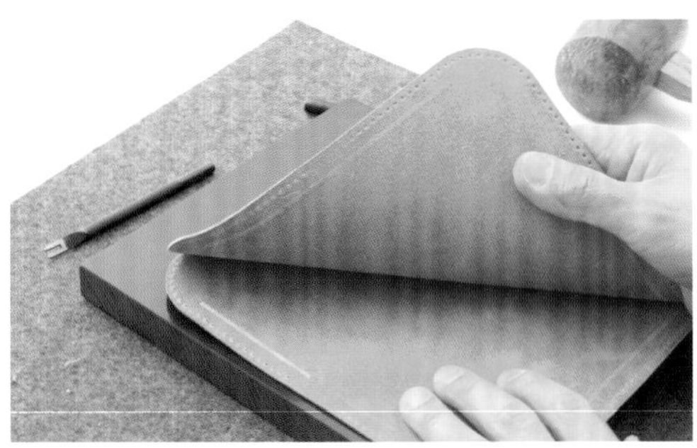

11 開完手縫孔之後，將本體與內裡分開。

12 在本體肉面層底邊，從邊緣畫10mm的線。

從步驟12畫線位置，往前斜削皮料。

13

14 在後續要貼合拉鏈的本體肉面層部分畫上寬6mm的線。

POINT

15 這裡是看不到的部分，記號線不容易看到的位置，可以使用銀筆畫線。

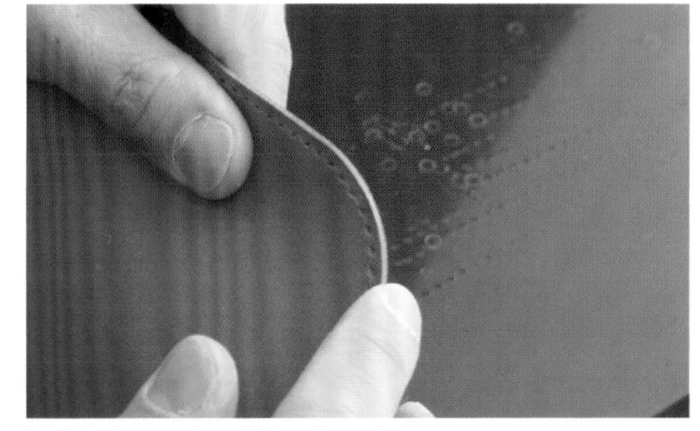

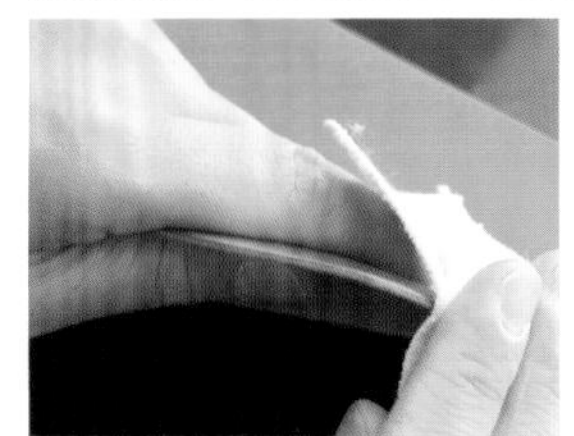

固定拉鏈的位置，側邊塗上床面處理劑，並以帆布研磨。

16

17 本體與內裡的事前準備就完成了。

縫合內裡與卡片匣

內裡會直接與卡片匣縫合。此處的卡片匣零件，使用與剛才製作鈔票匣夾層時一樣形狀的皮料。

01 準備本體內裡、卡片匣A、卡片匣B的皮料。

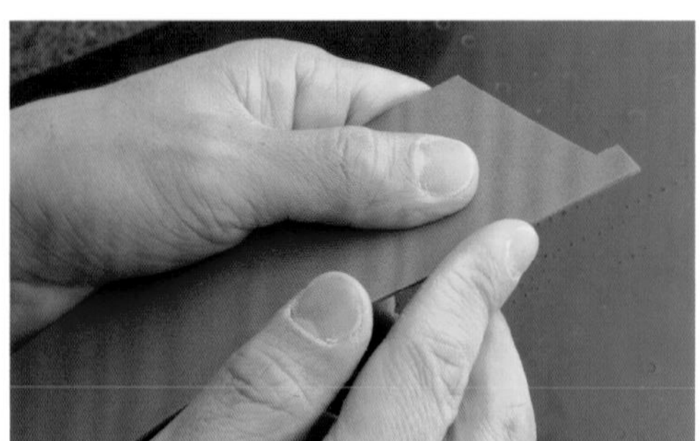

02 在卡片匣A上緣的側邊塗抹床面處理劑。

POINT

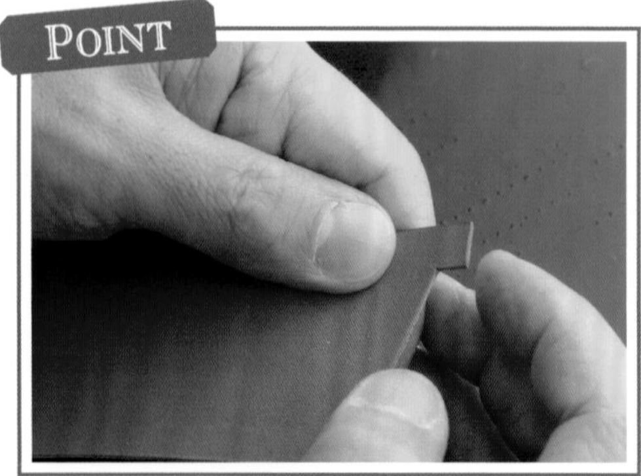

03 凸出部分的側邊也塗上床面處理劑。

04 以帆布研磨塗抹過床面處理劑的側邊。

05 卡片匣B的4個邊都塗上床面處理劑，並以帆布研磨。

CHECK

照片中紅色的部分就是需要研磨的位置。

06 卡片匣A沿下緣肉面層削薄寬8mm的皮料。

07 刮粗本體內裡正面貼合卡片匣的部分。

08 以研磨片刮粗卡片匣A凸出部分的肉面層。

09 在凸出部分與下緣的肉面層與內裡貼合的位置塗抹白膠，並將兩者貼合。

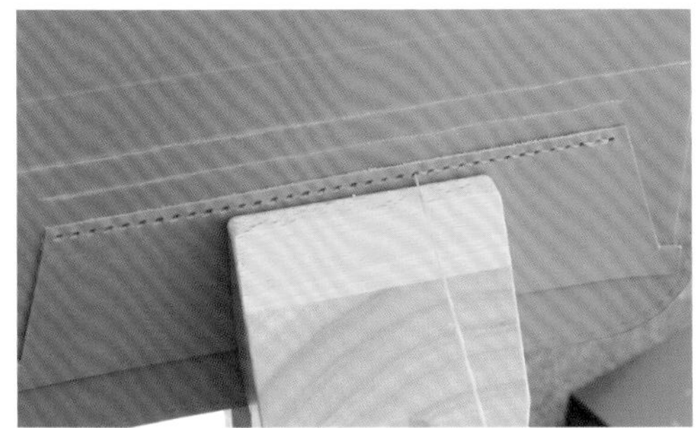

10 縫合與內裡貼合的卡片匣A下緣。

11 內裡與最上方的卡片匣A縫合，用木槌中腹敲打針腳，以帆布擦掉多餘的蠟。

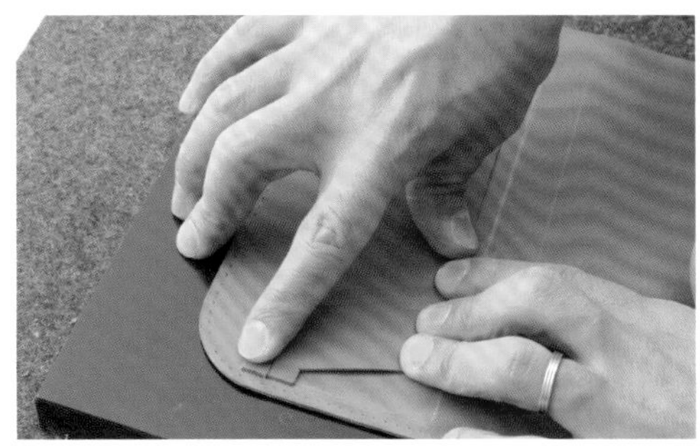

12 將第2張卡片匣A凸出的部分對齊後貼合。

13 在卡片匣A下緣開孔並縫合。

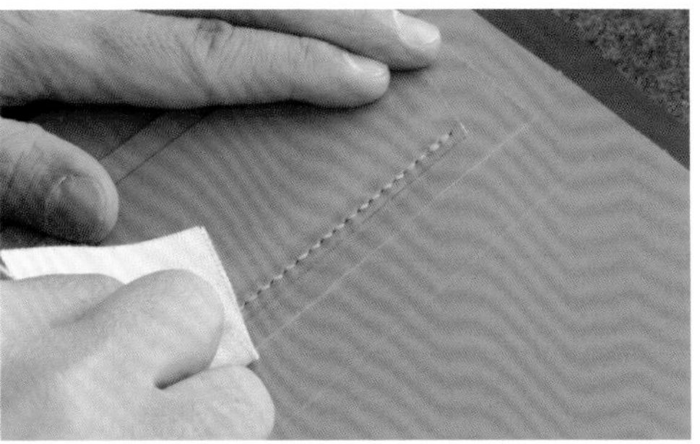

14 用木槌敲打使針腳服貼，以帆布擦掉多餘的蠟。

15 內裡縫合第2張卡片匣A的狀態。

16 貼合卡片匣B。

17 從最上端卡片匣A的邊緣開始，在側邊與底邊畫出寬3mm的縫線記號。

起針和收尾的基準點、凸出部分相接處用圓錐開圓孔。

18

POINT

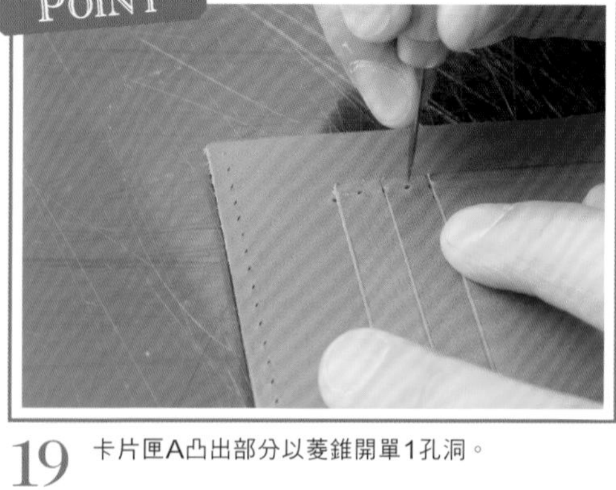

19 卡片匣A凸出部分以菱錐開單1孔洞。

20 剩下的部分用菱斬開手縫孔。

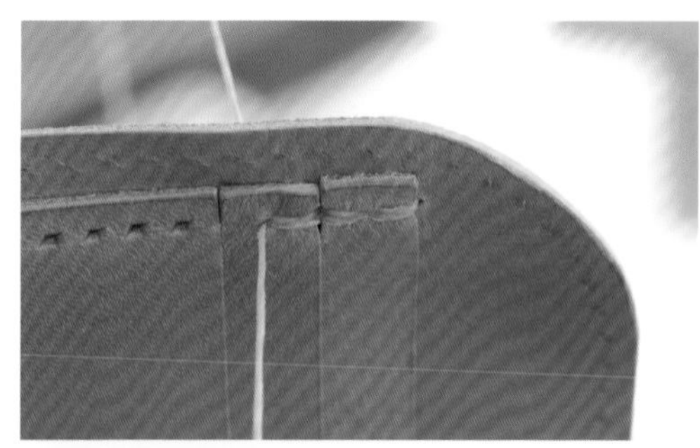

回縫3針再開始縫製，高低差的部分要有雙重縫線，卡片匣周圍以ㄈ字形縫合。

21

22 收針時回針3孔，將縫線收尾。

23 周圍縫製完成後，用木槌中腹敲打，讓針腳服貼。

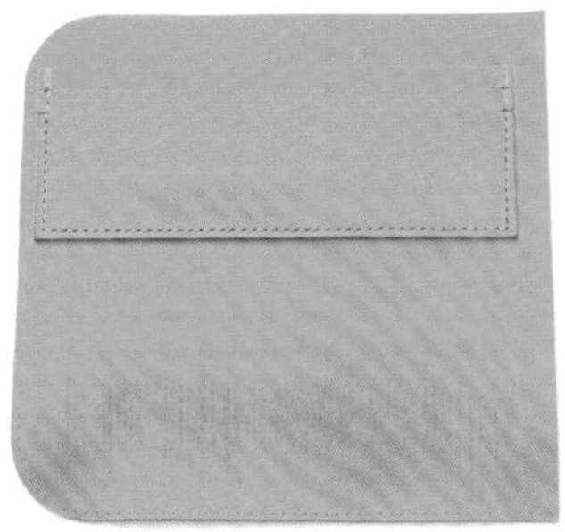

24 卡片匣與內裡縫合完成的狀態。

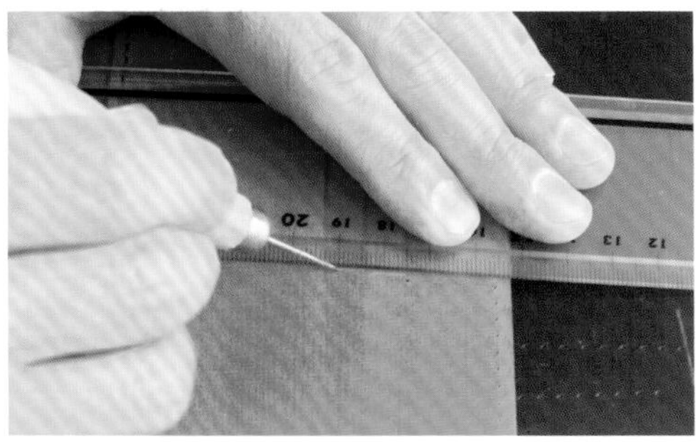

25 在卡片匣中心部分畫線。

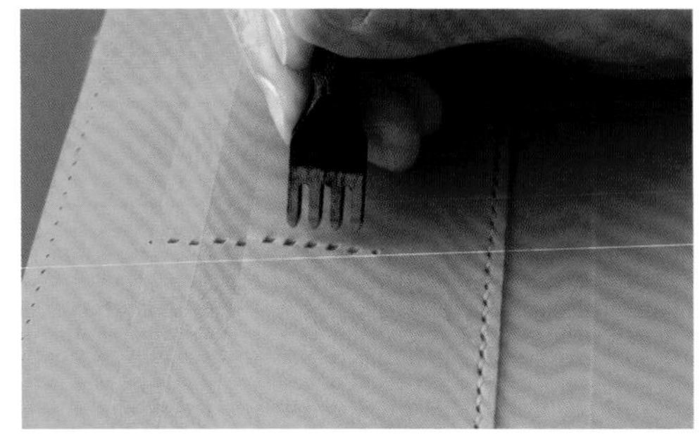

26 在上下基準點開圓孔，圓孔之間以菱斬開縫線孔。

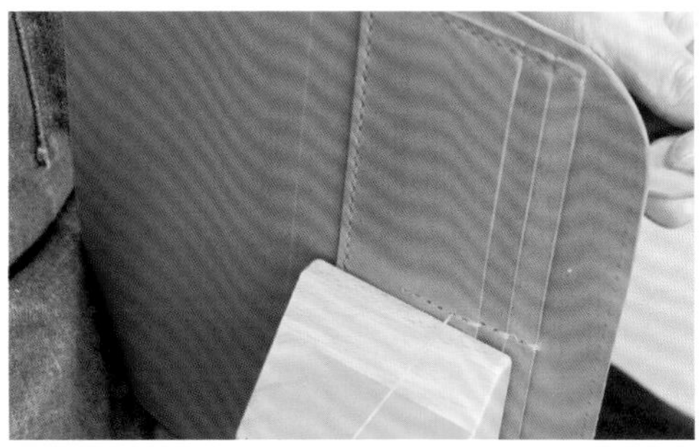

27 縫合卡片匣中心部分。

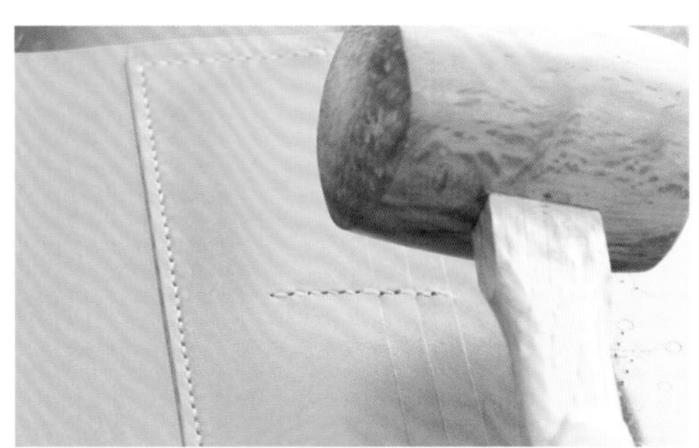

28 縫製完成後，用木槌中腹敲打，讓針腳服貼。

內裡與鈔票匣夾層的縫製

在縫合卡片匣的內裡上，縫合另外製作的卡片匣兼鈔票匣夾層。只縫合內裡正對鈔票匣夾層的左側側邊與底邊，形成L字型，創造出放鈔票的空間。

準備本體內裡與卡片匣兼鈔票匣夾層的皮料。

01

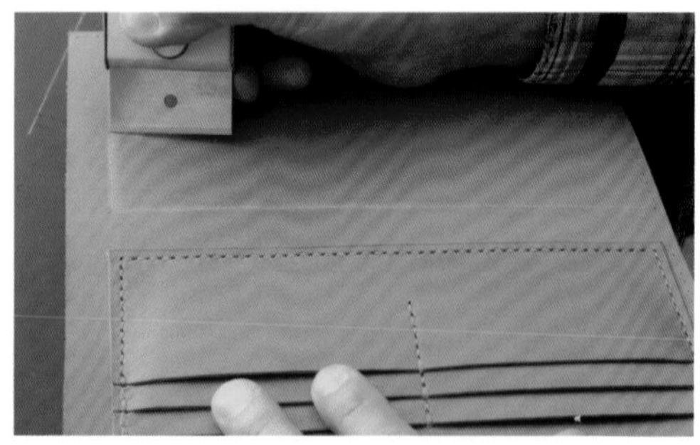

02 將貼合本體內裡的部分，刮粗3mm左右。

03 鈔票匣夾層的肉面層，也將左側邊與底邊的邊緣刮粗3mm。

04 在本體內裡於步驟02刮粗的部分塗上白膠。

05 在鈔票匣夾層的肉面層於步驟03刮粗的部分也塗上白膠。

06 對齊位置，貼合本體內裡與鈔票匣夾層。

07 本體內裡與鈔票匣夾層貼合完成的狀態。

08 高低差的部分用圓錐開圓孔。

09 左下的孔洞與側邊的手縫孔是共用的，所以必須用圓錐將孔洞撐大，在邊緣外再開1個孔。

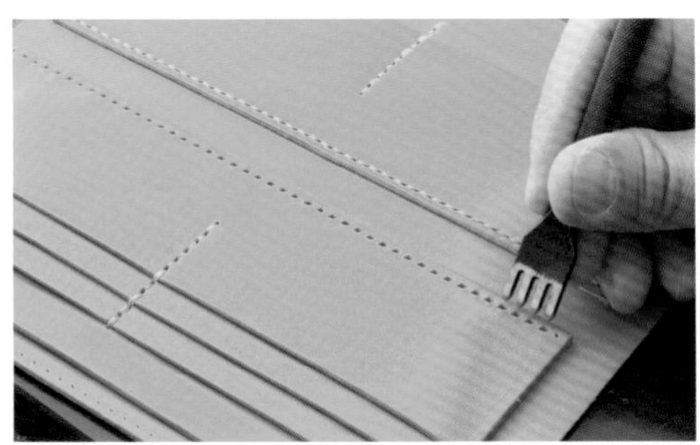

10 用菱斬將其餘部分開孔。

11 最上面一層高低差的部分較寬，使用雙頭菱斬開孔。

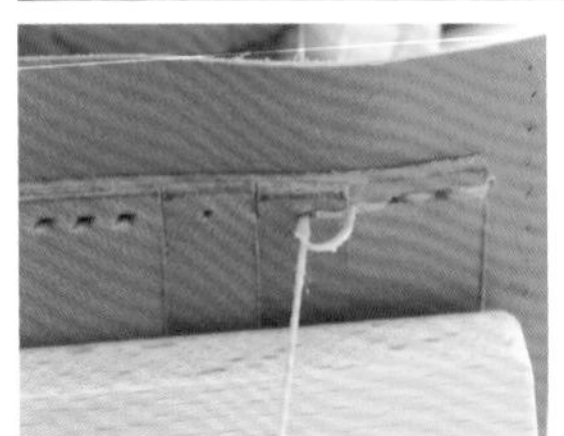

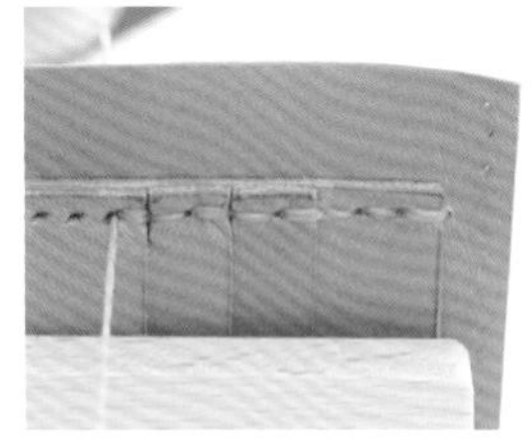

回針2孔再開始縫製，高低差的部分要縫2針。

12

縫到邊緣之後回2針收尾，以木槌敲打使針腳服貼。

13

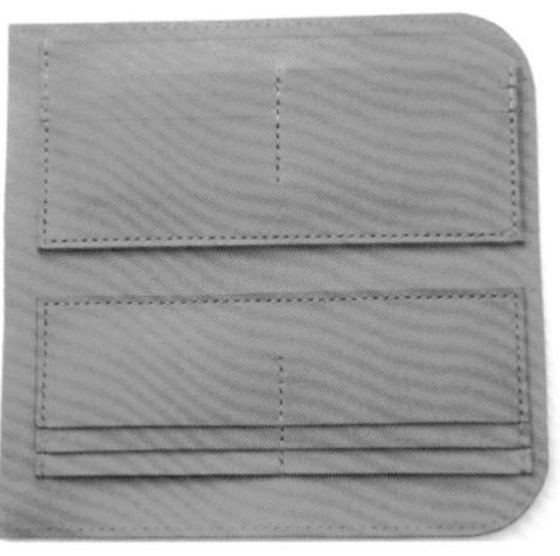

14 本體內側與鈔票匣夾層縫合的狀態。

縫合本體

本體與本體內裡之間夾著拉鏈，將縫線穿過剛才開好的孔洞縫合。將拉鏈均勻貼合是完成作品的關鍵。

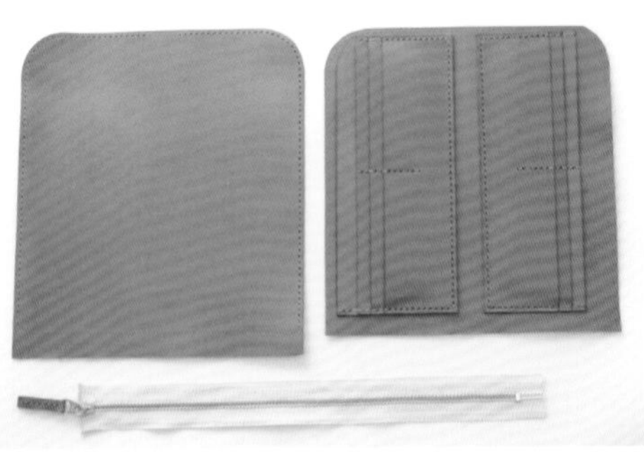

01 準備本體、本體內裡、拉鏈。

貼合內裡與拉鏈

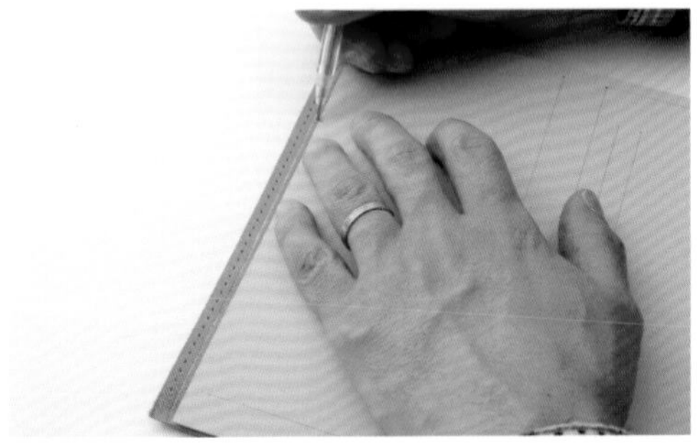

02 對齊紙型的拉鏈位置，轉描在本體內裡的肉面層上。

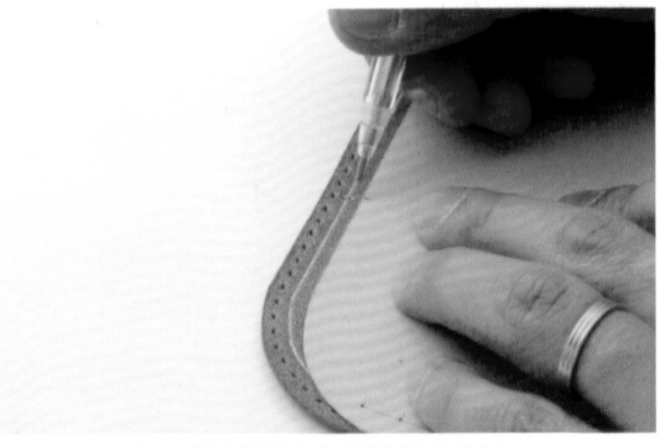

03 在步驟02的相反側也標記拉鏈的位置。

POINT

04 在拉鏈上也標記貼合位置。

05 在拉鏈的貼合位置上塗抹DIABOND強力膠。

CHECK

DIABOND強力膠需塗抹在銀線以上。

06 在拉鏈背面的兩側邊緣塗抹DIABOND強力膠（寬約2mm）。

07 對齊內裡肉面層上的線，貼合拉鏈。

08 貼合時，必須使底端的拉鏈與皮革對齊。

POINT

09 對齊剛才畫的記號貼合，但轉角處先不貼合。

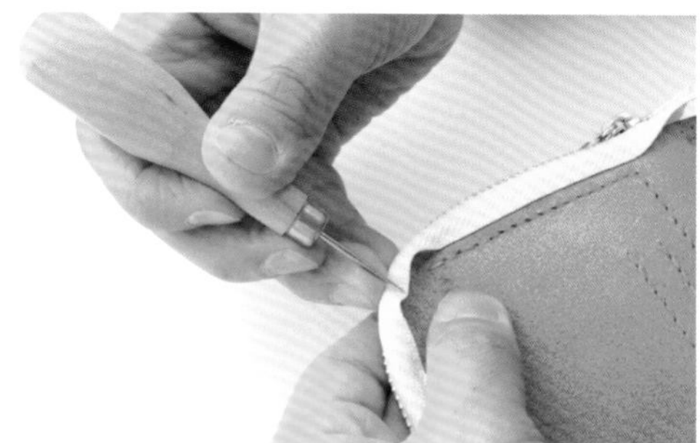

10 在轉角處的正中央，用圓錐按壓，對齊貼合線與拉鏈邊緣。

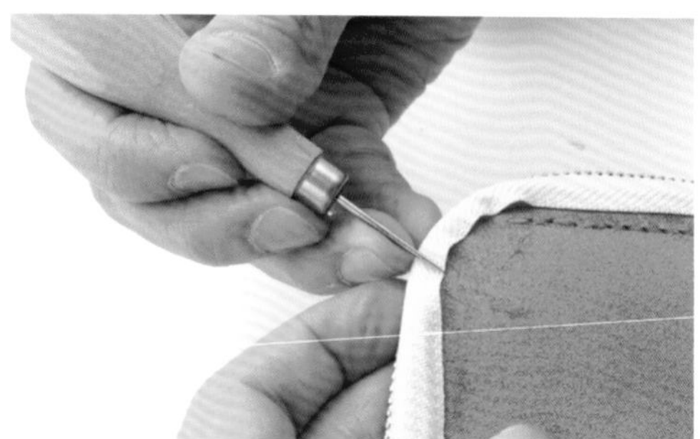

11 貼合正中央之後，兩側形成2座小山，一樣用圓錐按壓小山正中央，將內裡與拉鏈貼合。

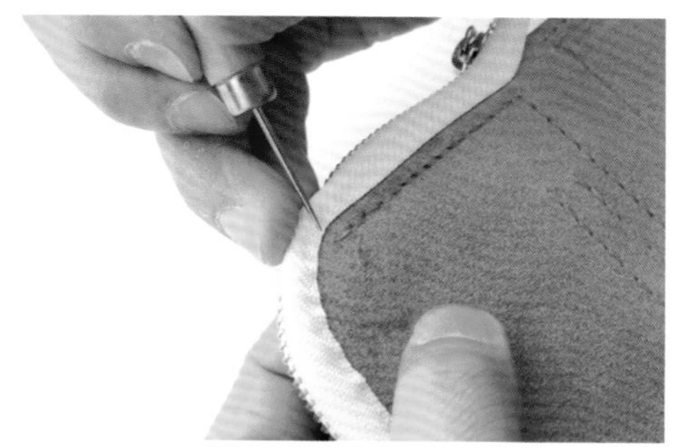

12 重複操作幾次之後，凸起的小山就會越來越小。

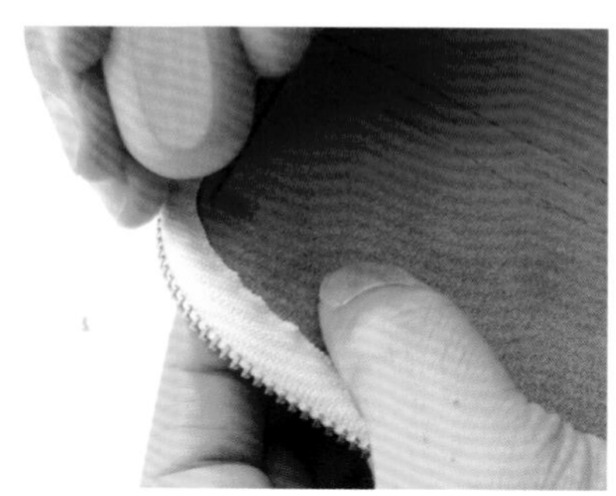

13 當凸起處小到變成皺紋時，就可以用圓錐的木柄等工具按壓貼合。

將另一側的拉鏈與內裡貼合。
14

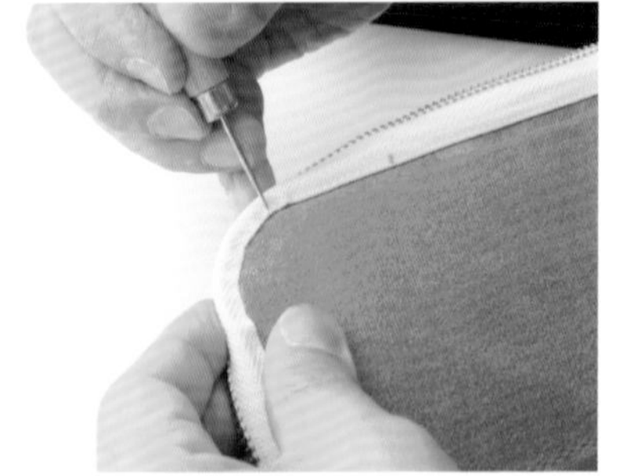

15 待凸起的小山越來越小就可以貼合。

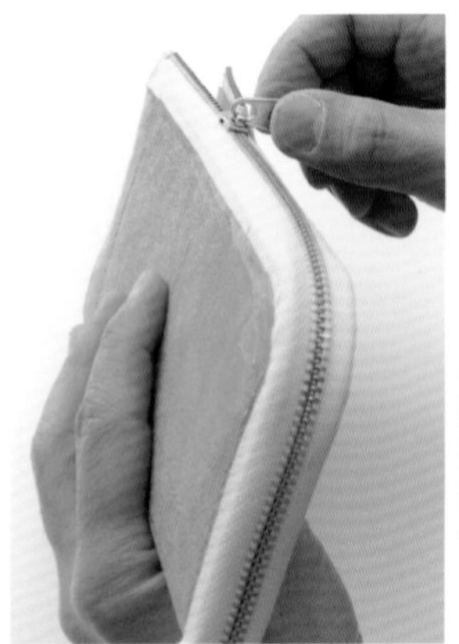

在內裡貼合拉鏈之後，將拉鏈拉合，確認沒有問題。就算有問題，在這個階段還可以重新貼合。
16

POINT

17 在拉鏈下止處的前端塗抹DIABOND強力膠。

18 在拉鏈的內側也塗上DIABOND強力膠。

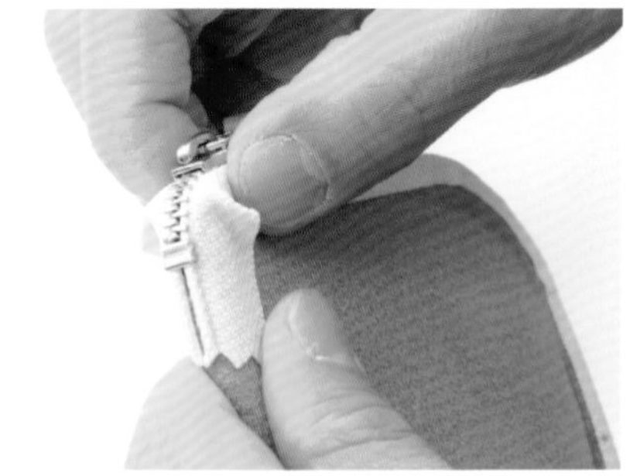

19 將拉鏈下止處的前端與內裡貼合。

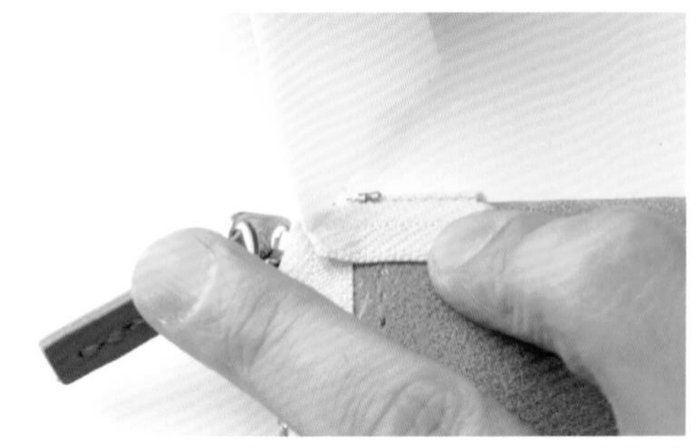

20 轉角的部分會翹起來，將翹起的部分向內折並塗上DIABOND強力膠。

21 像這樣往回折，用DIABOND強力膠黏貼。

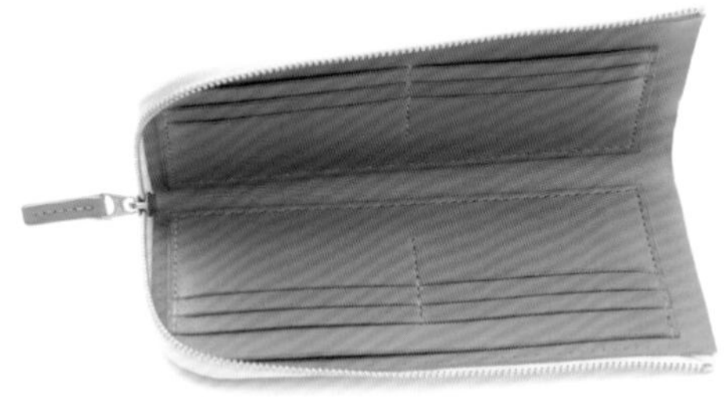

22 內裡與拉鏈貼合完成的狀態。

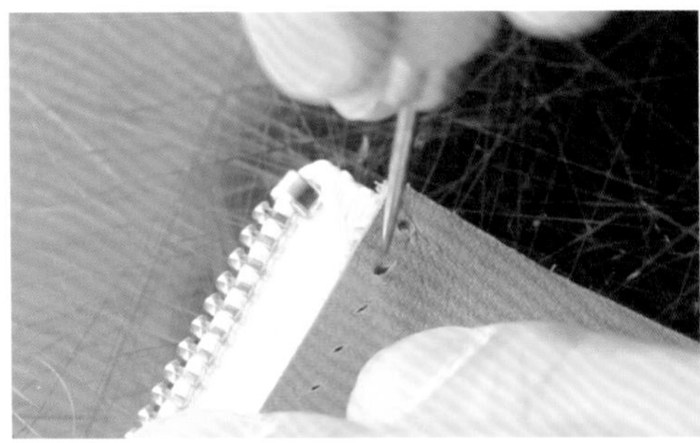

23 底端的部分與拉鏈重疊，所以要用圓錐穿過手縫孔打洞。

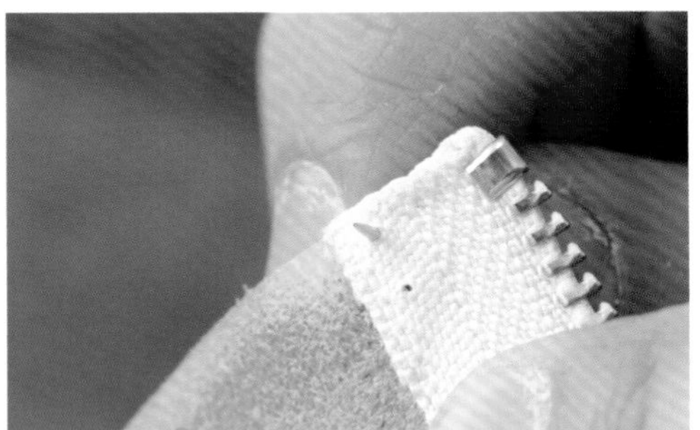

24 從背面看過去，在拉鏈上打的孔如圖所示。

本體與拉鏈使用雙面膠貼合。首先，在單側的拉鏈邊緣貼上寬2mm的雙面膠。

25

26 為了對齊孔洞的位置，必須先在L形的兩端孔洞穿線。

對齊穿過內裡的針與本體頂端的手縫孔，決定貼合位置。

27

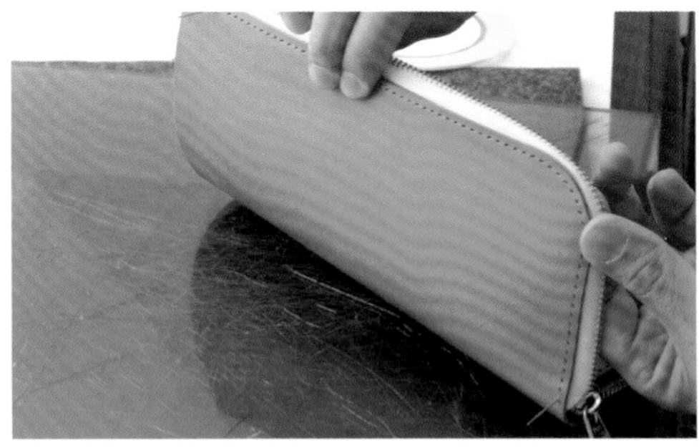

28 定好貼合位置之後，在拉鏈的邊緣貼上雙面膠，把手縫針抽出來。

29 回縫2針之後，再開始縫製。

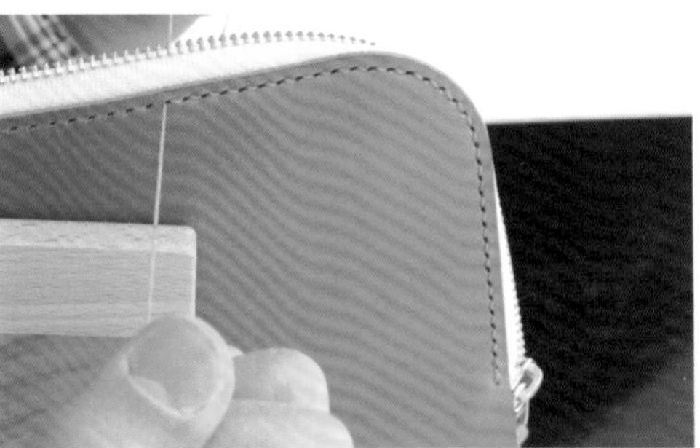

30 縫合至另一側的基準點。

31 縫合至另一側的基準點之後，回縫2孔。

回針的線頭儘量在靠近皮料正面處剪除，塗上白膠固定。

32

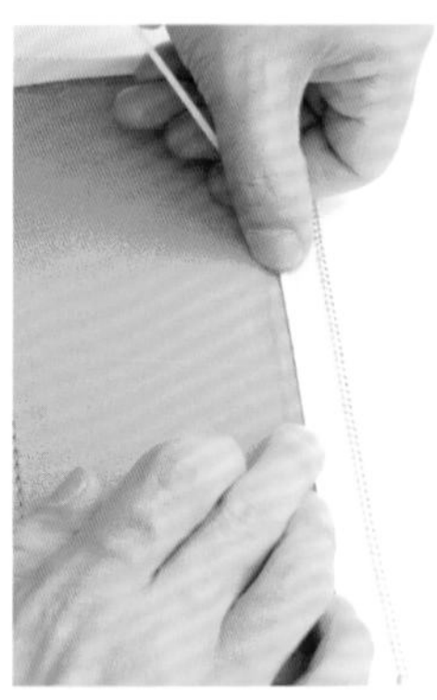

在另一側的拉鏈邊緣貼上寬2mm的雙面膠。

33

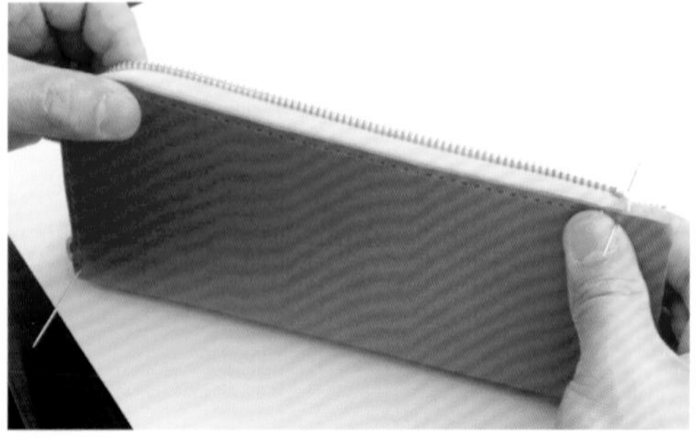

34 和剛才一樣，對齊穿過內裡的針與本體頂端的手縫孔，貼合本體與拉鏈。

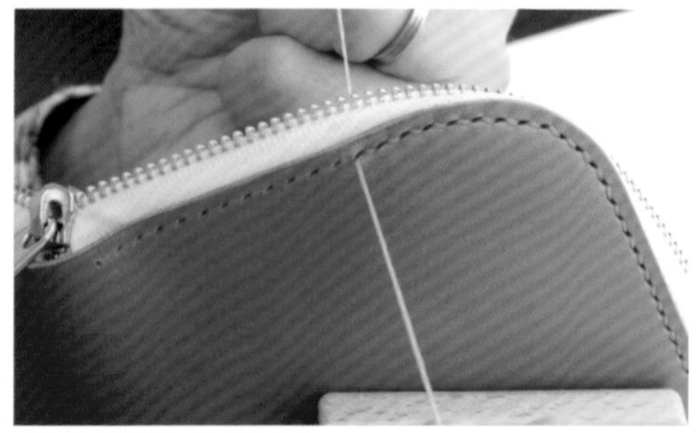

35 使用與另一側相同的手法，縫合本體與內裡。

36 本體與內裡縫合的狀態。

37 本體的部分比內裡還長，所以肉面層會像這樣多出來一段。

在內裡的表層，從邊緣畫寬10mm的線並刮粗。刮粗的部分與多出來的肉面層，皆塗抹白膠。

38

39 將本體多餘的部分往回折，對齊步驟38所畫的邊緣位置貼合。

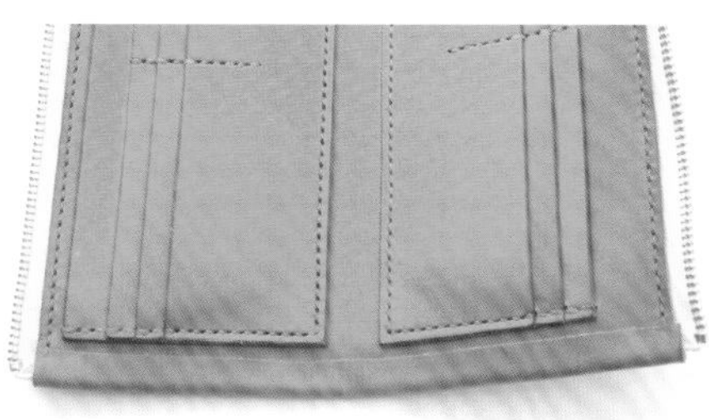

40 將本體多餘的部分往回折後，就會變成這個狀態。

製作零錢匣

零錢匣是結合2張皮革的簡單構造，2張皮革之間夾著本體的側邊皮料，在這樣的狀態下縫合是本步驟的關鍵。

01 準備零錢匣零件與本體側邊皮料。

零錢匣的縫製

02 將單側皮料周圍的側邊都研磨完成。

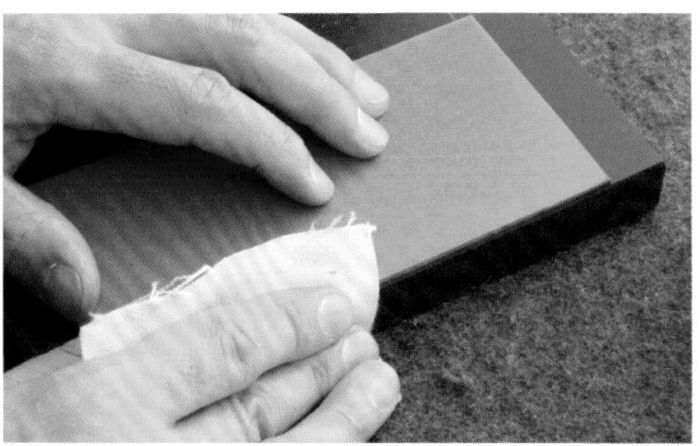

03 將零錢匣的上緣與單側皮料連接的側邊（在這個時間點任一側都OK）研磨完成。

04 將零錢匣肉面層的側邊與底邊，沿邊緣刮粗3mm。

05 固定單側皮料的側邊，在離邊緣15mm處做記號。

06 在沒有固定單側皮料的側邊與底邊刮粗部分（到步驟05做的記號為止），塗抹白膠。

07 肉面層對肉面層貼合零錢匣。

08 將貼合後的側邊，以研磨片研磨統一高度。

09 在側邊與底邊畫出寬3mm的縫線記號。

在固定單側皮料的側邊15mm，開基準點圓孔。在貼合處的轉角也開圓孔。
10

11 以菱斬開手縫孔。

POINT

12 沿著離邊緣15mm的位置，以菱斬開孔至基準點。

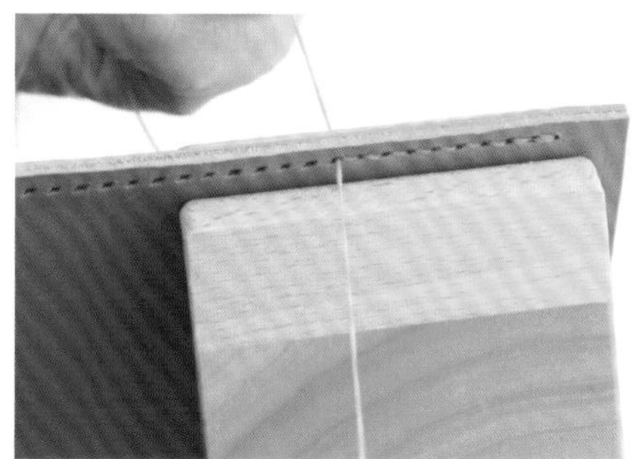

13 從基準點這一側開始縫製。起針處要回縫2孔。

POINT

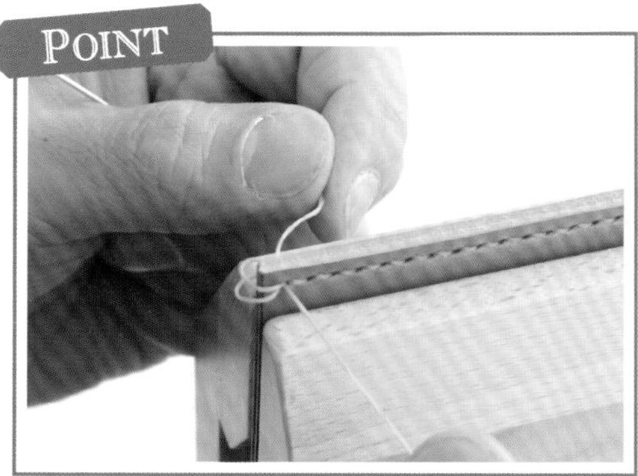

14 縫到邊緣時，在邊緣縫2針並回縫2孔。

15 以木槌中腹敲打，使針腳服貼。

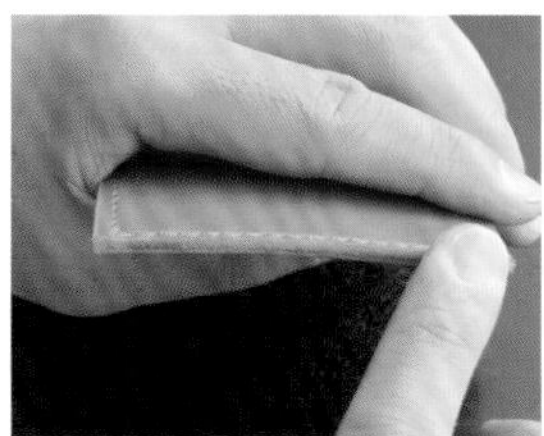

已經縫合的部分，用研磨片導角，塗抹床面處理劑之後研磨加工。
16

固定側邊皮料

17 側邊皮料的肉面層兩側，沿邊緣刮粗3mm。

18 將側邊皮料縱向對折。

19 在離側面皮料折線處8mm的位置，用間距規畫線。

20 線畫到被零錢匣夾住的部分即可。

21 在步驟19・20畫線的部分，用研磨片刮粗。另一面也一樣刮粗。

22 翻開固定側邊皮料的這一側，在肉面層塗抹白膠。

在零錢匣單側貼合側邊皮料。貼好一面之後，翻過來貼另一面。
23

24 在貼合側邊皮料的零錢匣邊緣開孔。（等於在4層皮料上開孔）

POINT

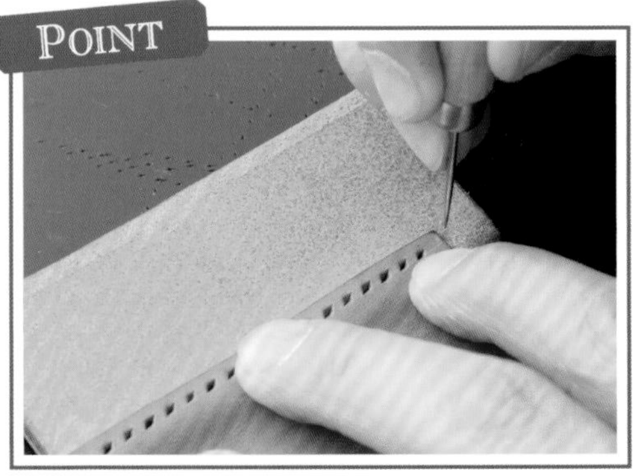

25 在零錢匣下緣外側的側邊皮料上，以圓錐開基準孔。

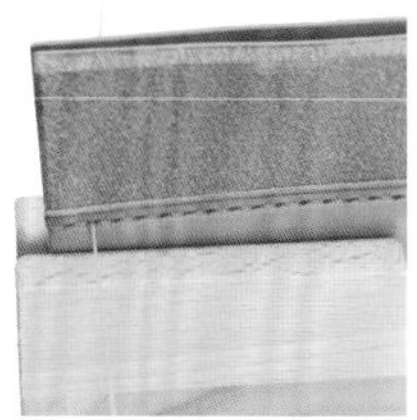

26 縫合側邊與零錢匣。

27 零錢匣到這個階段完成。

本體與零錢匣的縫製

最後，縫合與側邊連成一體的零錢匣與本體。縫合的部分在側邊皮料上，必須與本體回折的部分一起縫合。

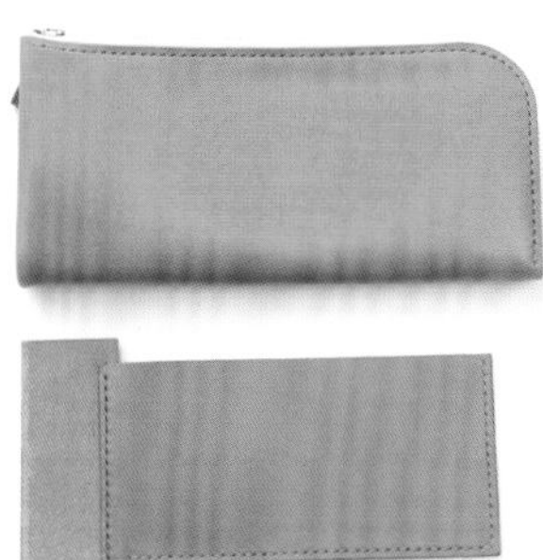

01 準備本體與零錢匣。

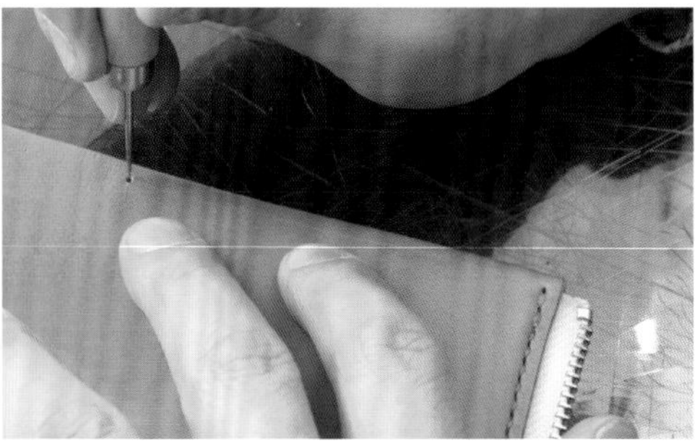

02 從邊緣90mm的位置（※請參照紙型）開基準點的圓孔。

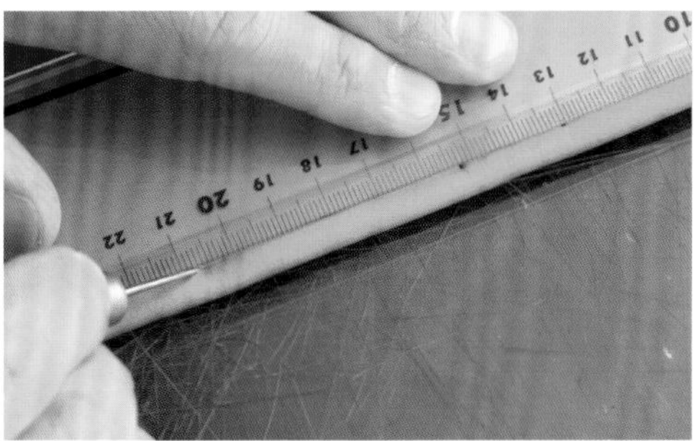

03 從基準點到邊緣之間，畫出一條寬3mm的線。

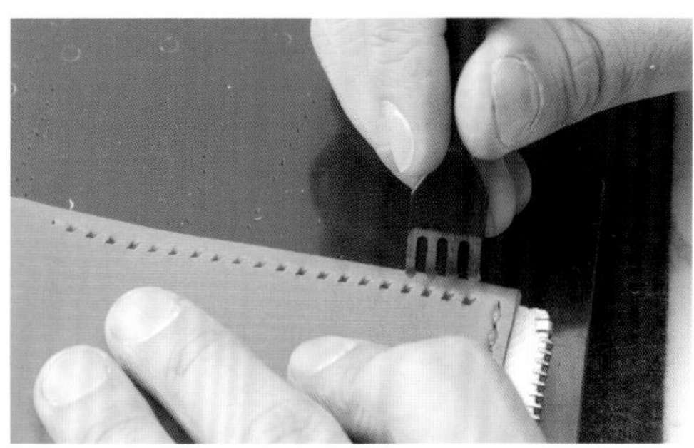

04 對齊縫線記號，以菱斬開手縫孔。另一側也用相同的方法開孔。

05 用研磨片在開孔部分的內側刮粗。

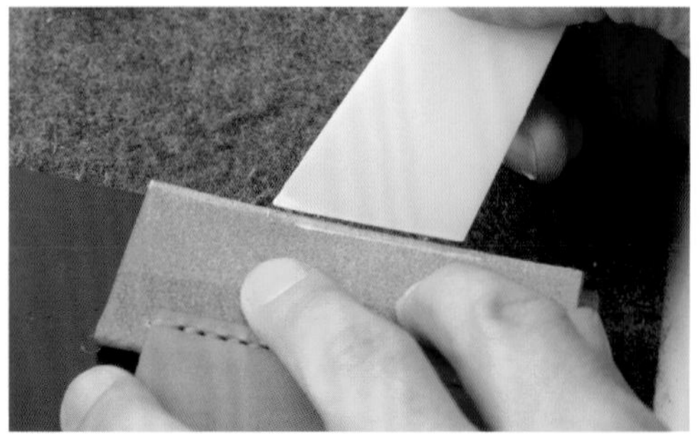

06 確認零錢匣的固定方向，在側邊皮料的肉面層事先刮粗的部分塗抹白膠。

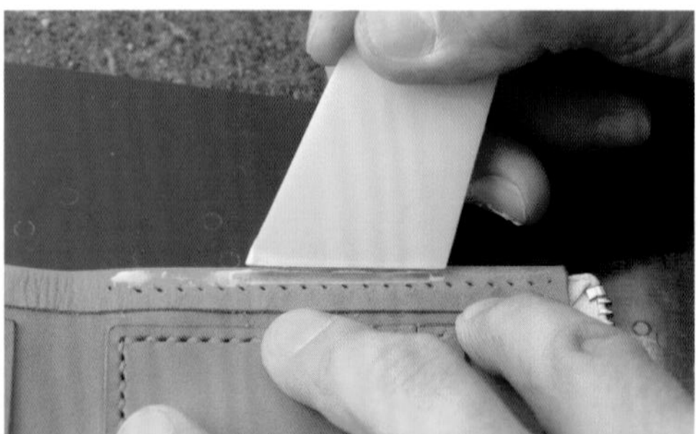

07 在貼合側邊皮料的本體位置也塗抹白膠。

08 對齊上緣與側邊，貼合側邊與本體。

POINT

09 待白膠乾燥後，在側邊中間夾一塊塑膠板。

10 用圓錐撐大上緣最頂端手縫孔。

11 從剛才在本體開好的手縫孔插入菱錐，貫通側邊皮料上的洞。

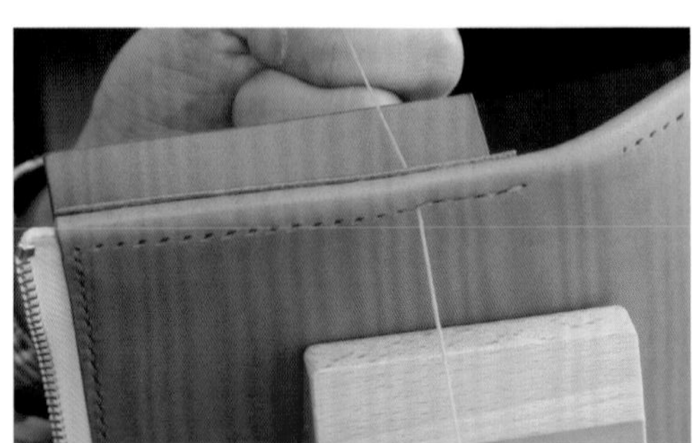

12 縫合側邊與本體。

13 收針時回縫2孔，固定好線頭。

14 另一端的本體內側也塗上白膠。

15 側邊邊緣也塗抹白膠。

16 對折本體，貼合側邊皮料。

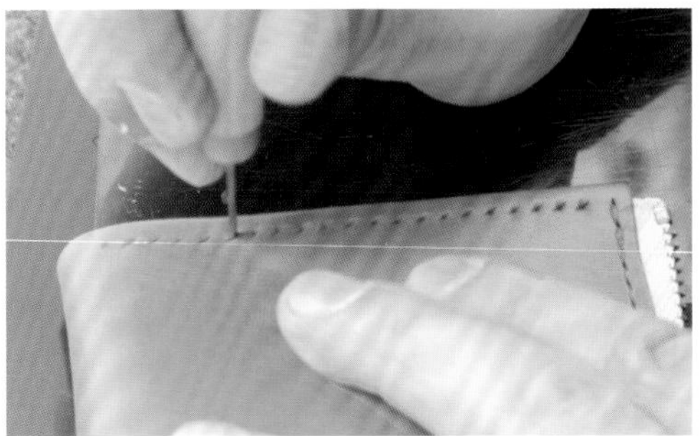

17 在側邊之間夾著塑膠板，使用圓錐與菱錐從本體上的手縫孔貫通至側面皮料。

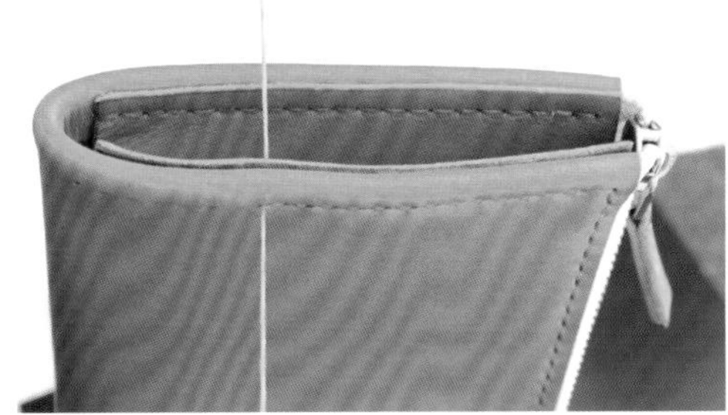

18 縫合本體與側邊皮料。

完成

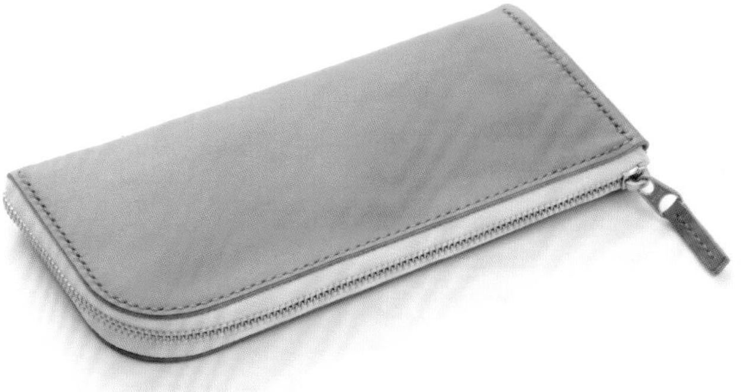

側邊皮料讓取放內容物更方便！

雖然皮料偏薄，但因為有側邊讓本體能夠確實展開，方便取放內容物。拉鏈與皮革的顏色組合可大幅改變作品氛圍，請試著應用看看！

SHOP INFORMATION

CRAFTSHA

豐富的皮革工藝商品

草賀浩司 先生

擔任Craft公司直營的「革樂屋」店長。從縫製到雕刻工藝無一不精，是一位作品風格廣泛的皮革工藝師。

有接觸過一點皮革工藝的人，一定有聽過Craft公司的名號。該公司從日本的手作皮革工藝初期開始，就販售相關工具與材料，至今仍開發、販賣許多原創商品。與總公司設在一起的Craft公司荻窪店，庫存的皮革與工具、金屬零件等商品，品項豐富在日本可以說是屈指可數。另外，這次負責製作的草賀先生，擔任「革樂屋」的店長，該店鋪位於千葉SOGO中，店內充滿可以滿足皮革工藝愛好者的商品。Craft總公司有開辦名為「皮革工藝學園」的皮革工藝學校，培育了許多專業人士。

1

2

3

4

5

6

1.以Craft公司原創的皮革工藝道具為中心，對應各種用途的工具應有盡有。 **2.**包含敝公司的書籍在內，皮革工藝相關的書籍多樣化在業界也是數一數二。 **3.4.**從片狀的皮革到半裁尺寸，有各式各樣的種類與大小。本店可代客削薄，一定能買到自己喜歡的皮料。 **5.**金屬零件也一應俱全。 **6.**染料與床面處理劑等化學藥劑庫存也很豐富。（※照片為荻窪店。）

SHOP DATA

Craft公司 荻窪店

東京都杉並區荻窪5-16-15
Tel.03-3393-2229
Open 11:00～19:00（星期一～星期五）／10:00～18:00（第2・4個星期六）
Close 星期日・國定假日，第1・3・5個星期六・夏季假期・新年假期
URL http://www.craftsha.co.jp/

革樂屋Craft公司

千葉縣千葉市中央區新町1000
SOGO千葉店9F
Open 10:00～20:00
Tel.043-245-8267

ROUND FASTENER

全開口拉鏈長夾

全開口拉鏈長夾可以說是基本款中的基本款。有2處鈔票匣與卡片匣，零錢匣位於正中央並且裝有拉鏈。鈔票匣的部分可以容納5吋左右的智慧型手機。

製作＝雨宮正季（MASAKI & FACTORY）／攝影＝小峰秀世

PARTS 材 料　表層使用有張力的鉻鞣牛革。

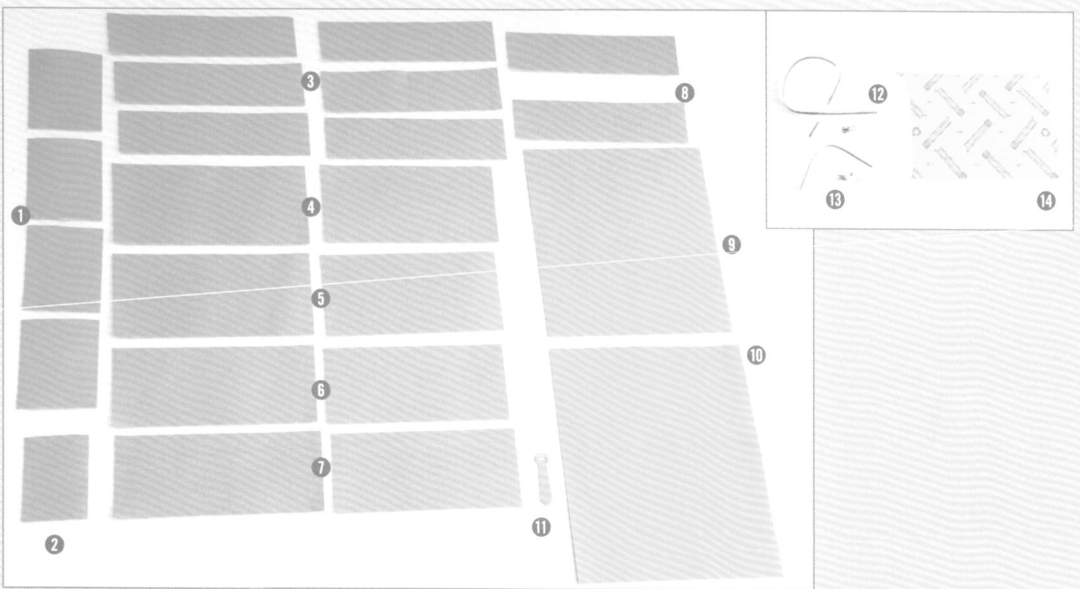

❶ **本體側邊**：鉻鞣牛革／厚1mm×4
❷ **零錢匣側邊**：鉻鞣牛革／厚1mm
❸ **卡片匣A**：鉻鞣牛革／厚0.7mm×6
❹ **卡片匣C**：鉻鞣牛革／厚0.7mm×2
❺ **卡片匣C內裡**：鉻鞣牛革／厚0.7mm×2
❻ **零錢匣**：鉻鞣牛革／厚0.7mm×2
❼ **零錢匣內裡**：鉻鞣牛革／厚0.7mm×2
❽ **卡片匣B**：鉻鞣牛革／厚0.7mm×2
❾ **本體內裡**：鉻鞣牛革／厚1mm
❿ **本體**：鉻鞣牛革／厚1mm
⓫ **拉鏈把手**：鉻鞣牛革／厚1mm
⓬ **拉鏈**：5mm／500mm
⓭ **拉鏈**：4mm／140mm
⓮ **BONTEX纖維紙芯**

TOOLS 工 具　作品範例用機械縫製，手工縫製時還需要手縫的工具。

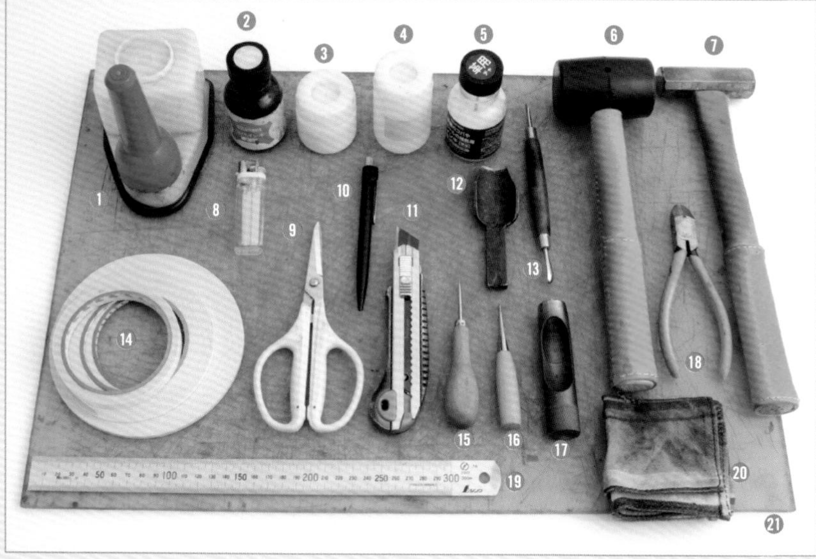

❶ 橡皮膠
❷ 染料：紅
❸ 床面處理劑
❹ CMC床面處理劑
❺ 邊緣處理劑
❻ 橡膠槌
❼ 鐵鎚
❽ 打火機
❾ 剪刀
❿ 銀筆
⓫ 美工刀
⓬ 削刀
⓭ 皮雕用染料刀
⓮ 雙面膠：3mm／5mm／10mm
⓯ 圓錐
⓰ 鑽孔器
⓱ 圓斬：70號（直徑21mm）
⓲ 斜口鉗
⓳ 直尺
⓴ 布
㉑ 塑膠板
※其他
・裁縫車・虎頭鉗

製作卡片匣

一開始必須先製作卡片匣。卡片匣共有2處，所以一樣的零件要製作2份。

製作卡片匣的事前準備

01 準備卡片匣A與B的皮料。基本上尺寸都相同，卡片匣A須進行側邊加工。

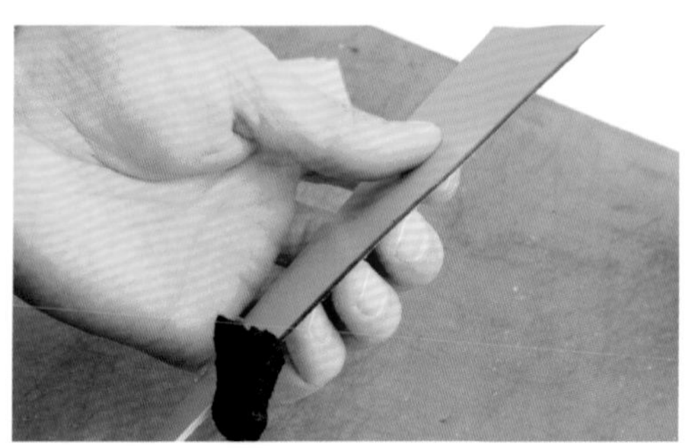

02 在上緣塗抹染料。塗抹濃豔的紅色，增添層次感。

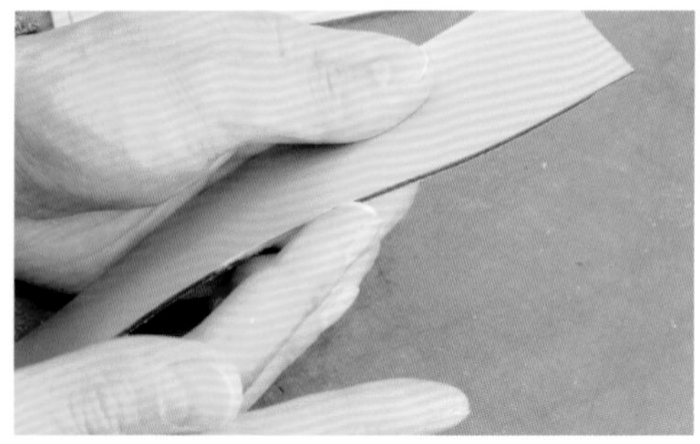

03 在上完染料的側邊塗抹床面處理劑。

04 將塗抹完床面處理劑的側邊，以布料研磨。

05 使用鑽孔器畫出寬2mm的線。

06 將8張中的6張皮料，對齊卡片匣A的紙型裁切。

07 對齊紙型裁切之後，側邊就會出現凸出處。

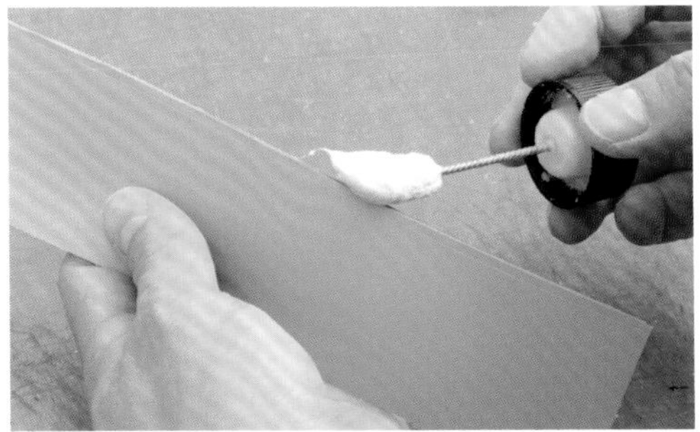

08 最後，在上緣塗抹邊緣處理劑。

固定卡片匣

POINT

09 除了卡片匣A與B之外，也要準備卡片匣C。

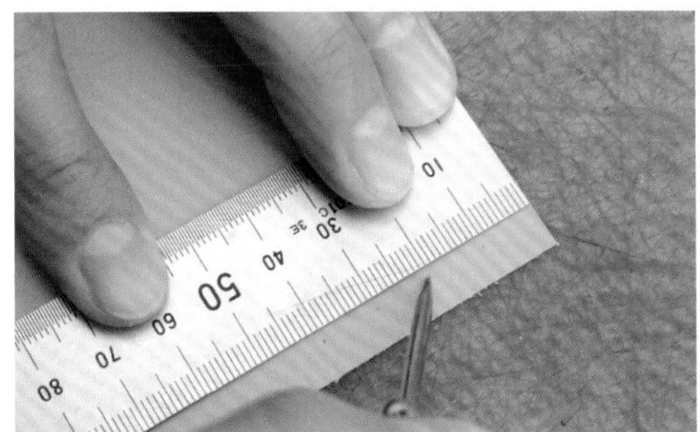

10 沿卡片匣C上緣10mm標記。

11 在步驟10的位置以下，貼上寬5mm的雙面膠。

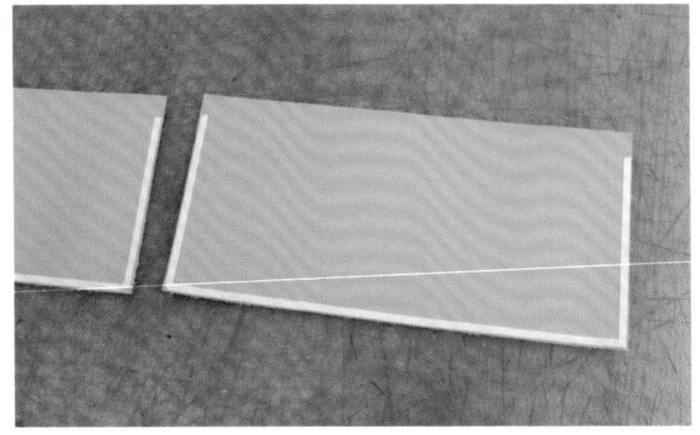

12 下緣的也貼上雙面膠，形成圖中的狀態。

13 卡片匣A下緣的肉面層也貼上雙面膠。

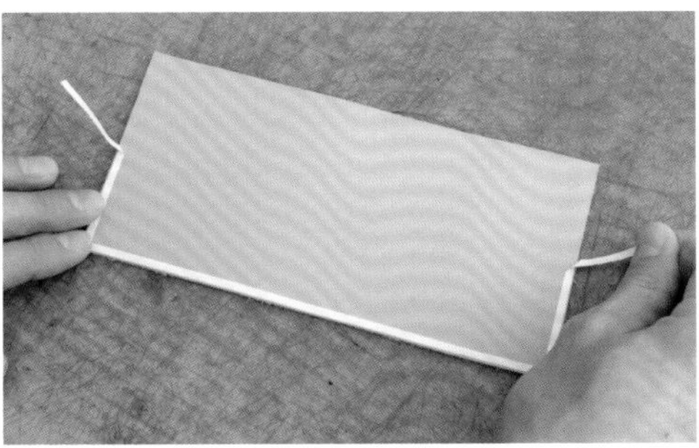

14 撕除貼在卡片匣C側邊的雙面膠紙20mm左右。

15 在卡片匣C上緣10mm的位置，對齊卡片匣A的上緣並貼合。

16 在卡片匣C貼合最上端的卡片匣A。

縫合剛才貼好的卡片匣A下緣。
17

18 將縫合完的線由內側拉出。

19 保留2～3mm的線頭其餘剪除。

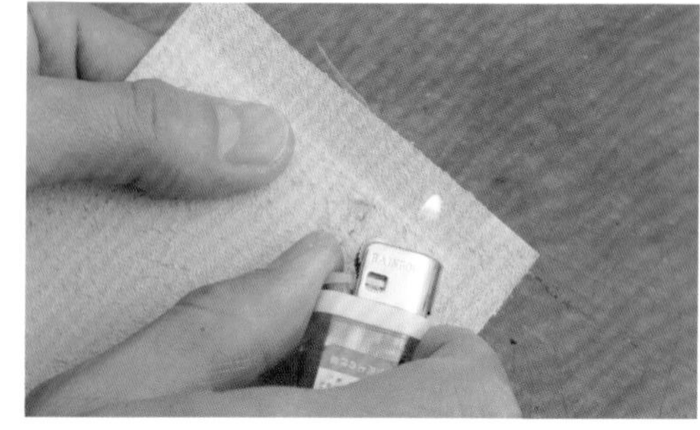

20 將留下的線頭以打火機燒熔固定。

21 卡片匣呈現圖中狀態。

22 重疊凸出部分2mm，貼合第2張卡片匣A。

縫合剛才貼好的第2張卡片匣A下緣。
23

24 縫合完成第2張卡片匣A的狀態。

25 第3張卡片匣A也用相同的方式貼合。

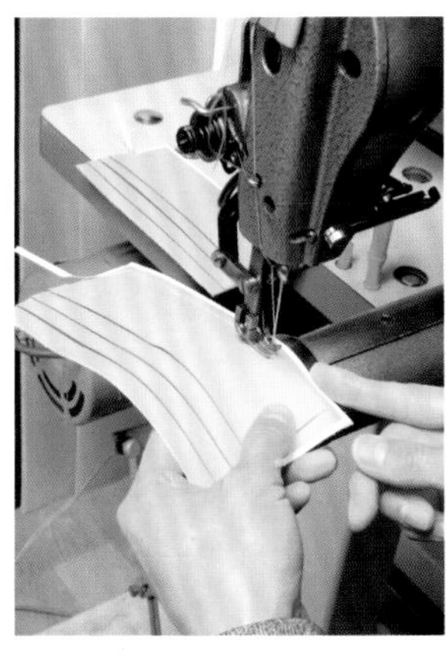

縫合第3張卡片匣A的下緣。
26

27 縫合完成第3張卡片匣A的狀態。將剩下的雙面膠紙撕除。

28 最後貼合卡片匣B。對齊凸出位置貼合，就會剛好對齊卡片匣B與C下緣。

29 貼合卡片匣B的狀態。在這裡先不縫合下緣。

POINT

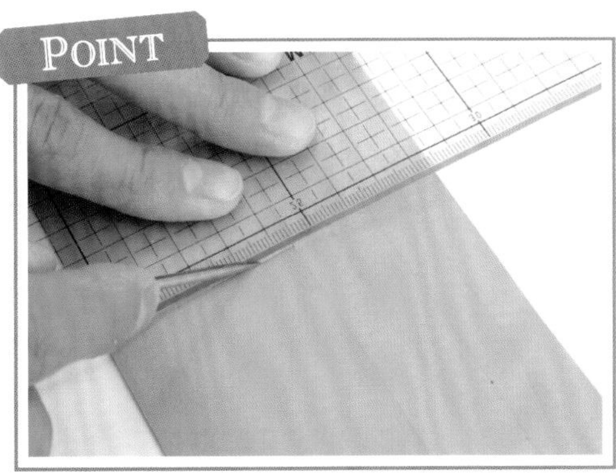

30 從最上面的卡片匣A的上緣到B的下緣20mm處，在中心畫一條線。

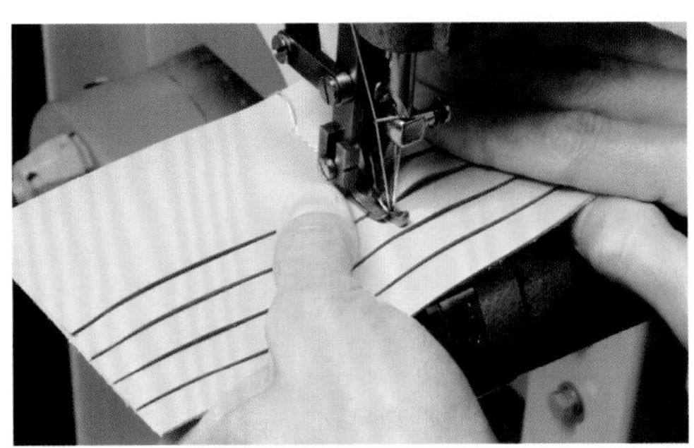

31 沿著步驟30的線縫合中心部分。

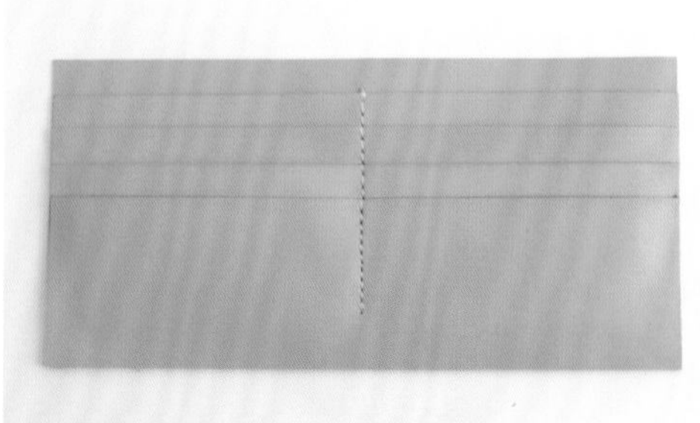

32 卡片匣中心部分縫合完成的狀態。

卡片匣C的內裡

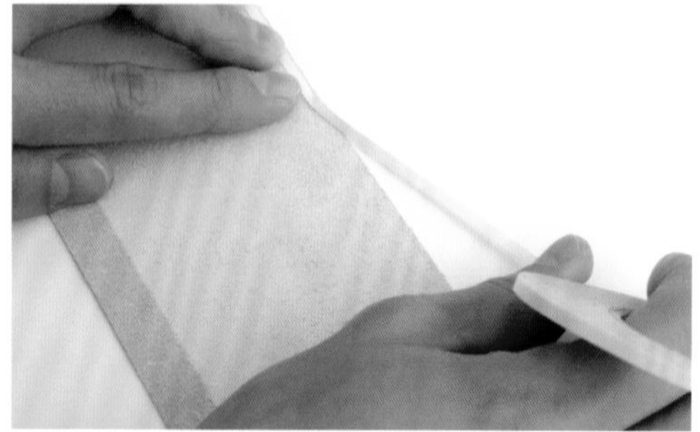

33 在卡片匣C的內裡周圍貼上寬5mm的雙面膠，並撕除膠紙。

34 在卡片匣C與C的內裡肉面層塗抹橡皮膠。

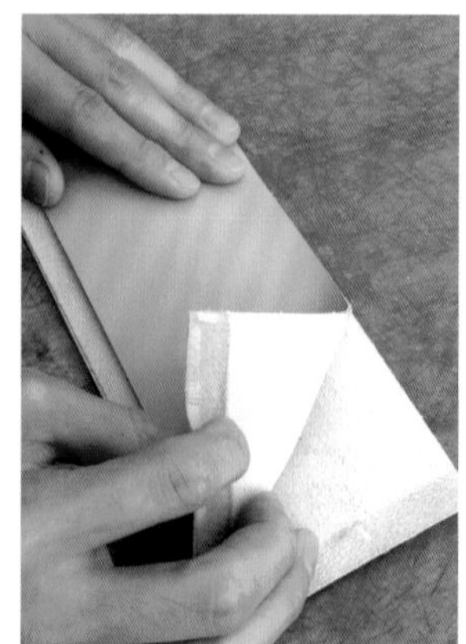

對齊卡片匣C與C的內裡上緣貼合。
35

36 卡片匣C與C的內裡貼合完成的狀態。卡片匣C略長10mm。

縫合卡片匣C的上緣。
37

38 卡片匣C上緣縫合完成的狀態。

39 在縫合後的卡片匣C上緣塗抹染料。

40 卡片匣C的下緣側邊也要塗抹染料。

41 在上過染料的部分，塗抹床面處理劑。

42 塗抹床面處理劑之後，以布料研磨側邊。

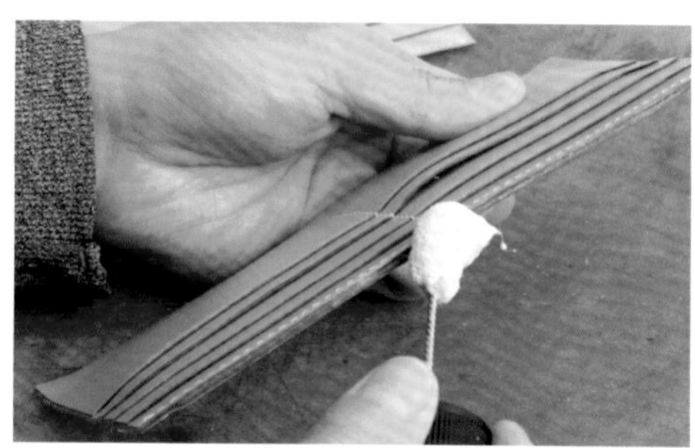

43 最後在研磨過的側邊塗抹邊緣處理劑。

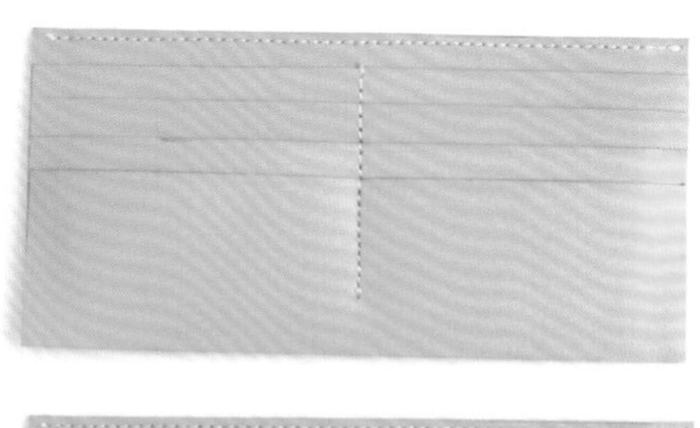

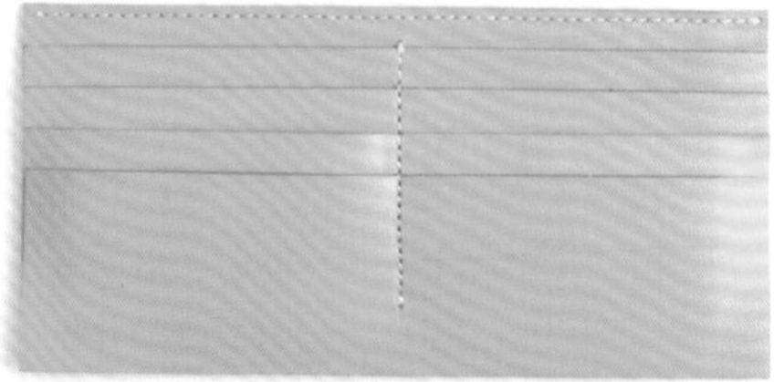

44 卡片匣至此暫時完成。必須再製作1個相同的卡片匣。

製作零錢匣

零錢匣是用拉鏈在上緣開口的樣式，加上側邊皮料，就能擴大開口處。零錢匣所使用的拉鏈長17cm。

01 準備零錢匣與零錢匣內裡的皮料。

POINT

02 在零錢匣內裡的肉面層周圍，貼上寬5mm的雙面膠。

03 在內裡貼附雙面膠的中間、零錢匣肉面層貼附內裡的位置塗抹橡皮膠。

04 將貼在內裡的雙面膠膠紙撕除。

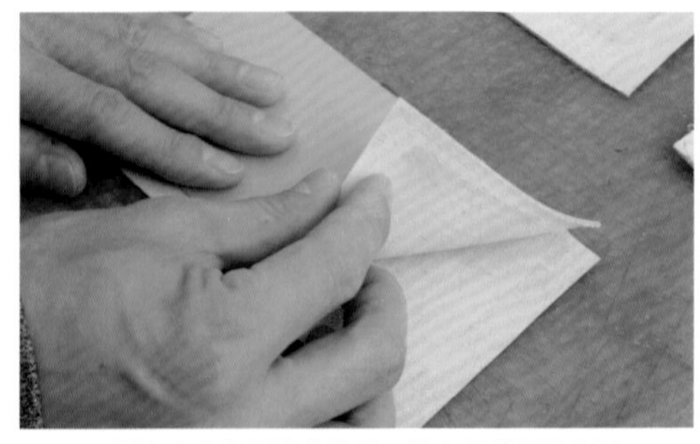

05 對齊上緣與側邊的位置，貼合零錢匣與內裡。

06 確實壓緊與內裡貼合的零錢匣。

07 在零錢匣上緣的側邊塗抹染料。

08 在上過染料的部分，塗抹床面處理劑，並以布料研磨側邊。

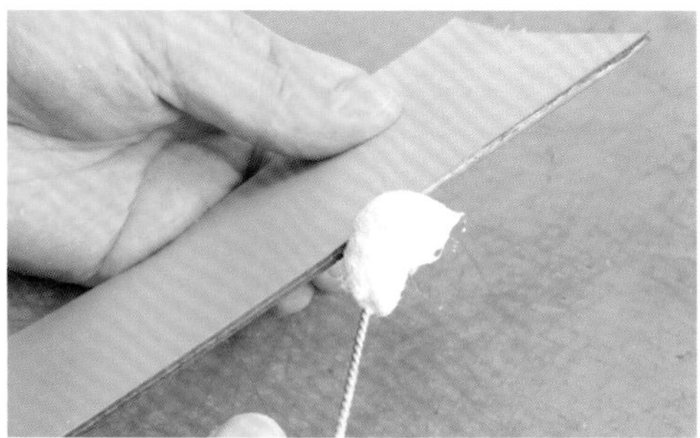

09 在研磨過的側邊塗抹邊緣處理劑。以相同步驟再製作1個。

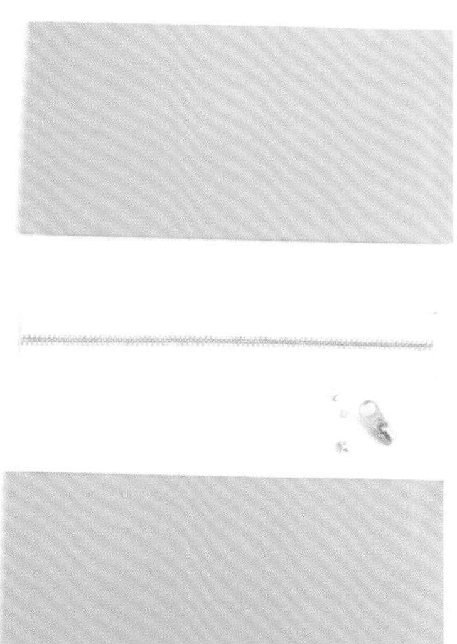

10 在零錢匣裝上拉鏈。

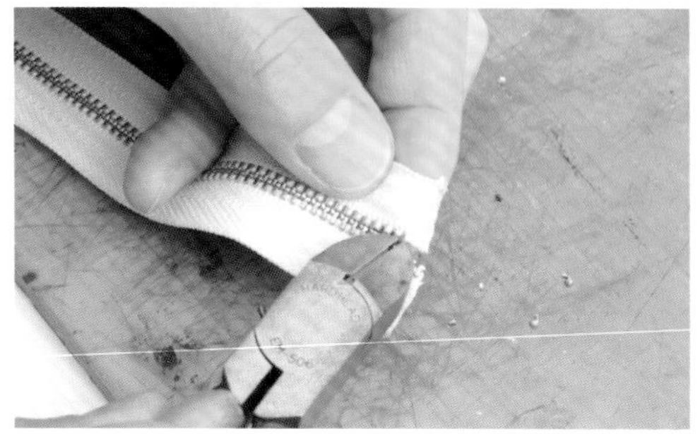

11 將拉鏈齒長度調整為17cm。

CHECK

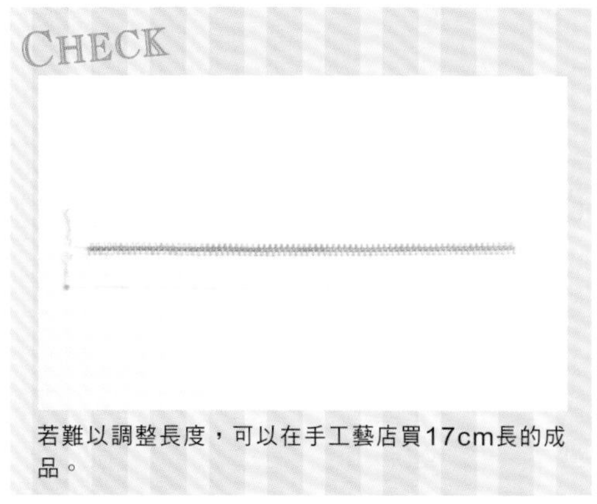

若難以調整長度，可以在手工藝店買17cm長的成品。

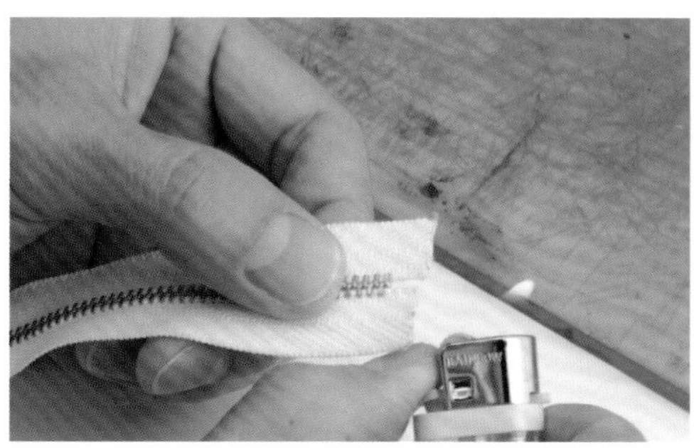

12 用打火機燒熔邊緣，防止撕裂。

13 裝上拉鏈下止器。

POINT

14 用鐵鎚敲打，將下止器固定在拉鏈上。

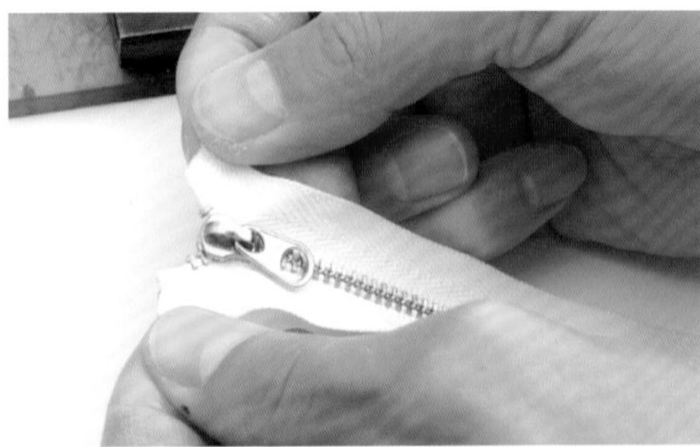

15 將拉鏈頭裝上。

POINT

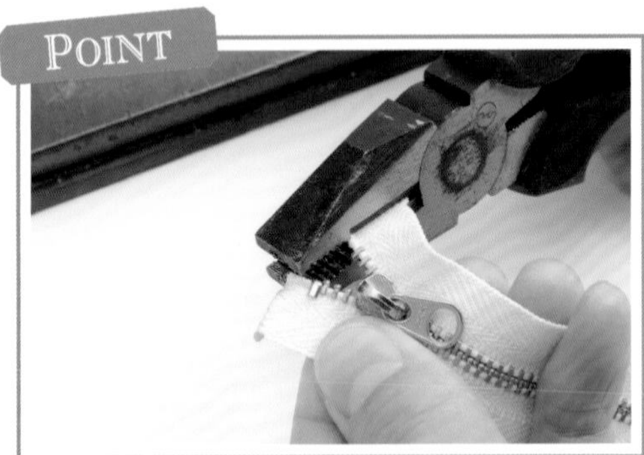

16 拉鏈上止處以虎頭鉗夾緊固定。

CHECK

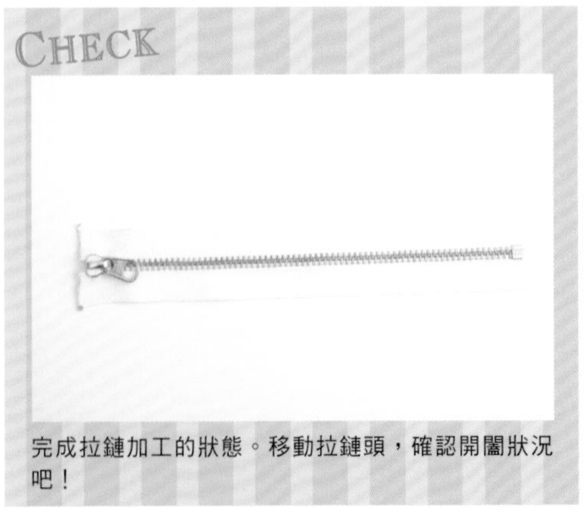

完成拉鏈加工的狀態。移動拉鏈頭，確認開闔狀況吧！

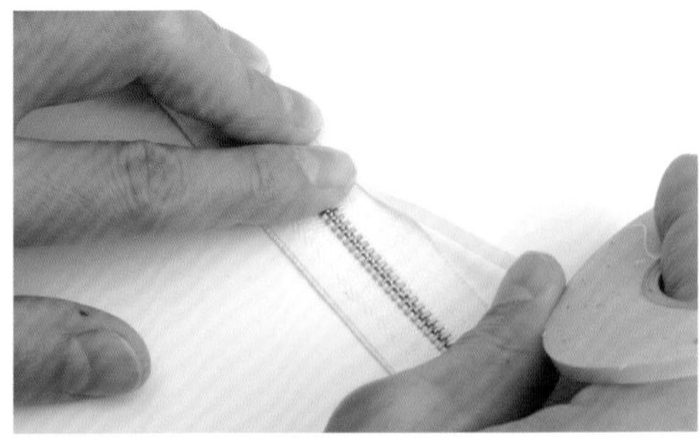

17 在拉鏈表面的邊緣貼上寬3mm的雙面膠。

POINT

18 對齊距離拉鏈齒5mm的位置，貼合零錢匣與拉鏈。

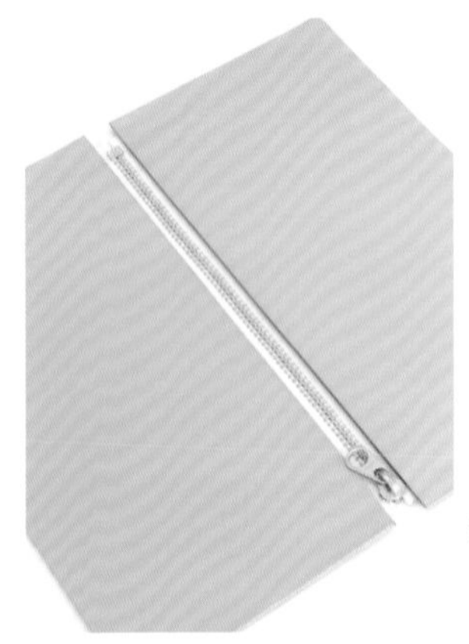

拉鏈兩側貼合零錢匣。
19

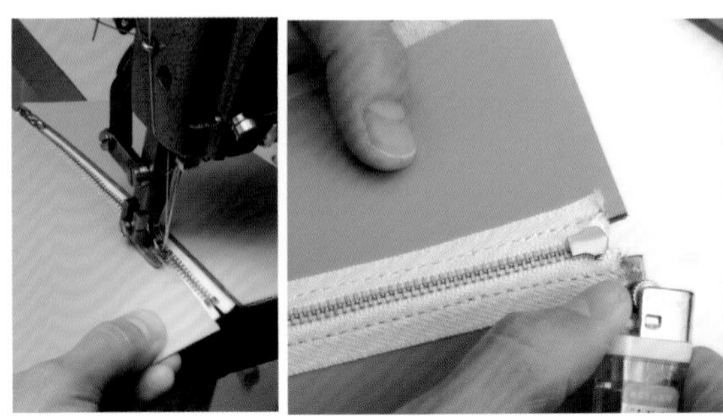

20 縫合拉鏈與零錢匣。

21 拉鏈與零錢匣縫合完成的狀態。

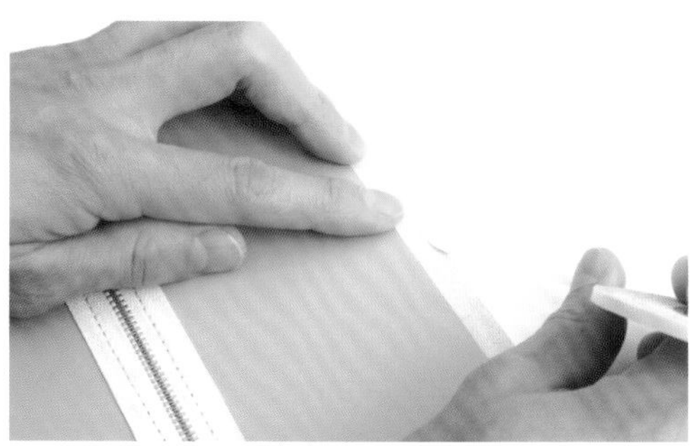

22 在零錢匣下緣的背面貼上寬5mm的雙面膠，並撕除膠紙。

23 在拉鏈處對折，貼合零錢匣下緣。

縫合下緣。保留拉鏈頭這一側的側邊約10mm。
24

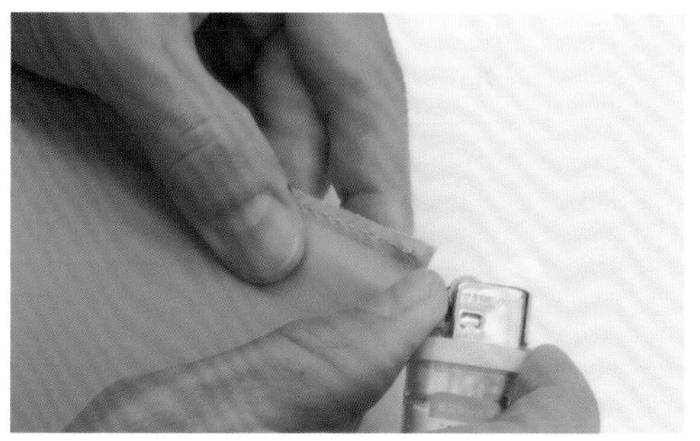

25 縫合完成後，燒熔線頭固定。

零錢匣先製作到這裡。
26

各零件的組合

在本體內裡上固定卡片匣與側邊皮料，本體的正面零件背後需要貼附BONTEX纖維紙芯。

本體內裡貼合卡片匣

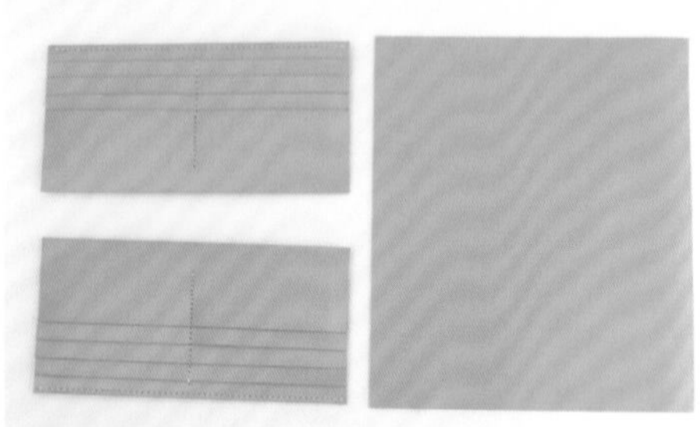

01 準備本體內裡與2組卡片匣零件。

02 卡片匣除了上緣以外，其餘3邊的內面都貼上寬5mm的雙面膠並剝除膠紙。

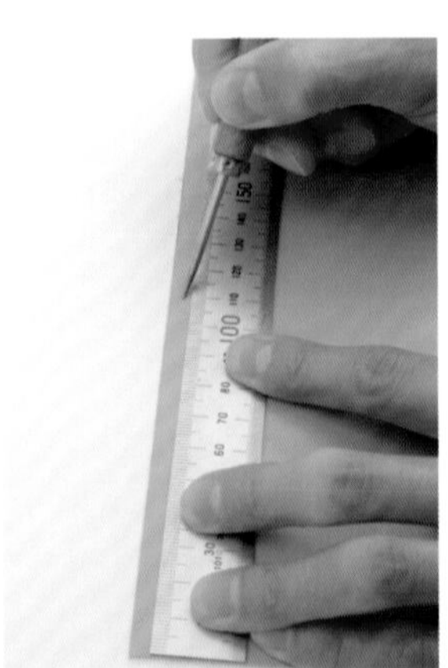

在內裡的中心位置做記號。

03

POINT

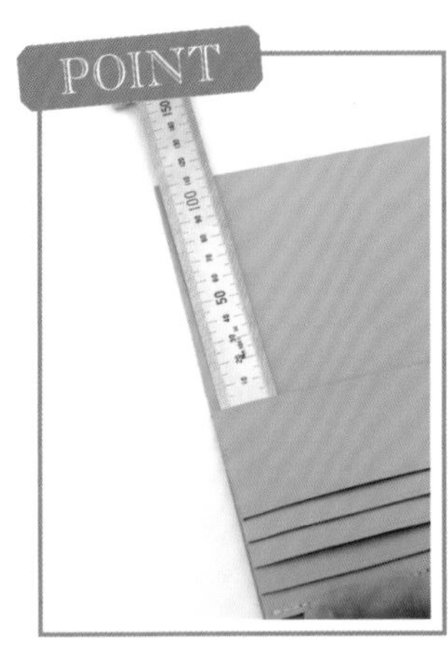

從中心位置的地方間隔5mm，對齊卡片匣下緣並貼合。

04

05 另一組卡片匣也用相同的方式固定。如此一來，卡片匣與卡片匣之間就會出現10mm的間隙。

本體內裡與卡片匣貼合的狀態。

06

07 縫合卡片匣下緣與本體內裡。

POINT

08 將本體內裡的中心邊緣，以70號圓斬，如圖所示裁切。

09 轉角的部分也用削刀導角。

製作側邊

10 準備本體與零錢匣的側邊皮料。

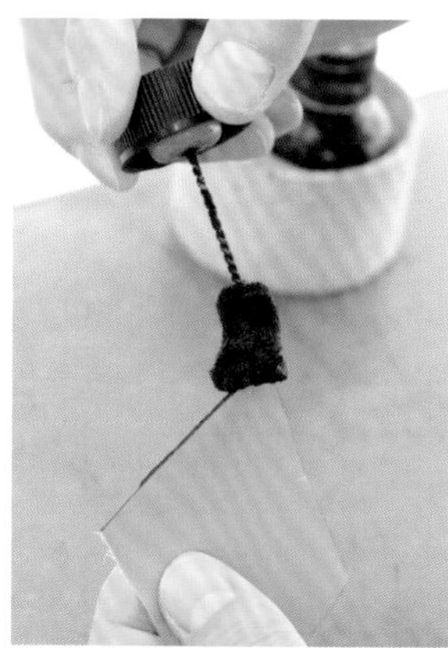

在所有側邊的上緣塗抹染料。
11

12 在上過染料的部分，塗抹床面處理劑。

13 以布料研磨上過床面處理劑的側邊。

14 在側邊皮料的肉面層塗抹CMC床面處理劑。

15 將CMC床面處理劑推勻。

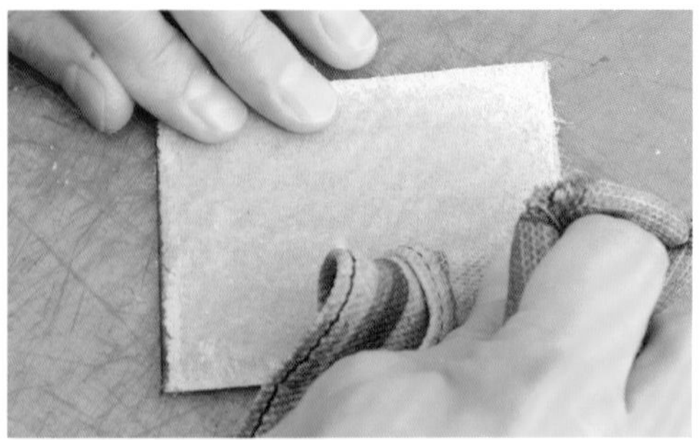

16 將CMC推勻之後，用布料研磨。

POINT

17 沿上緣畫出寬2mm的線。

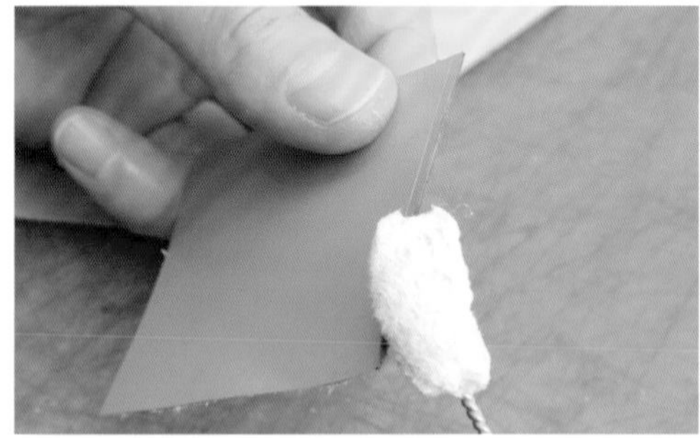

18 最後在側邊塗抹邊緣處理劑。

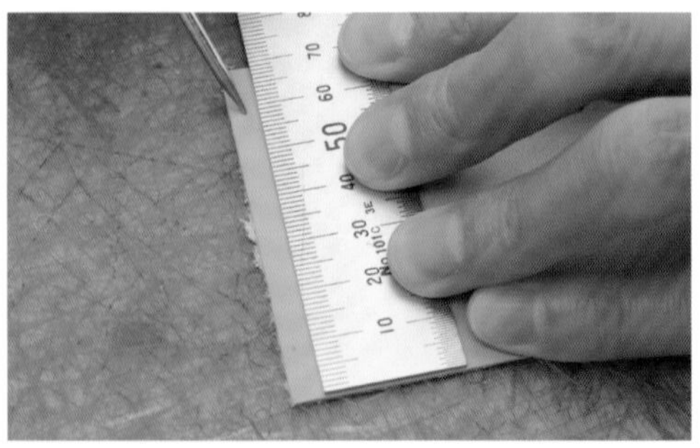

19 分別在側邊下緣的兩端10mm處做記號。

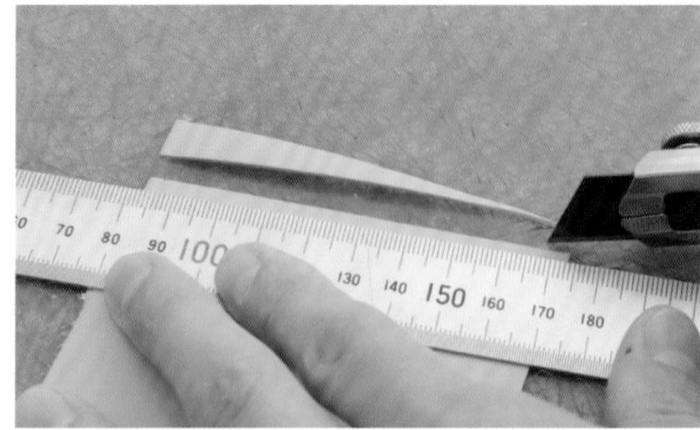

20 從上緣的一角連結步驟19的記號，裁切皮料。

在裁切後的兩側肉面層上，貼附寬5mm的雙面膠。

21

POINT

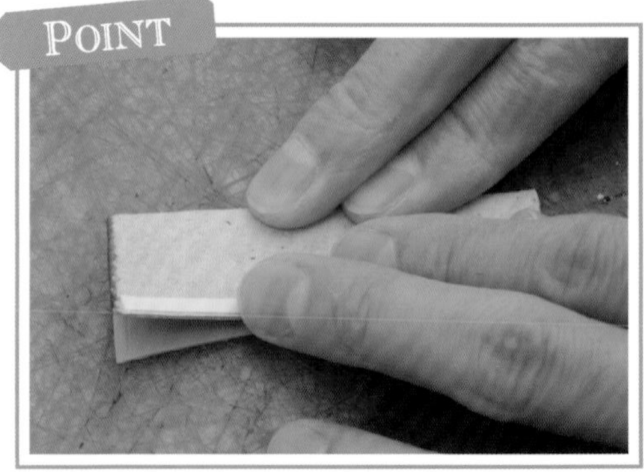

22 只將零錢匣的側邊皮料縱向對折。

23 將對折後的零錢匣側邊皮料，以鐵槌敲打，確實留下折線。

POINT

24 對齊本體側邊與卡片匣上緣的位置後貼合。

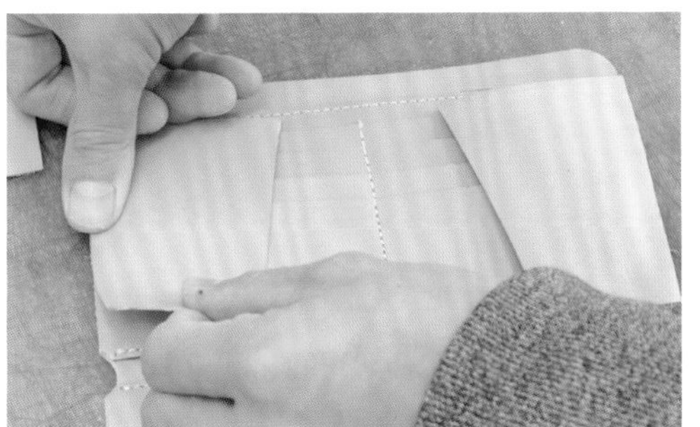

25 剩下的3張側邊也一樣與卡片匣貼合。

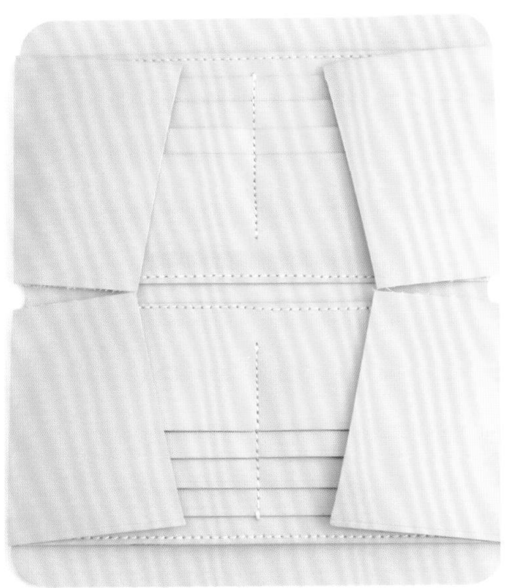

26 側邊皮料與卡片匣貼合的狀態。

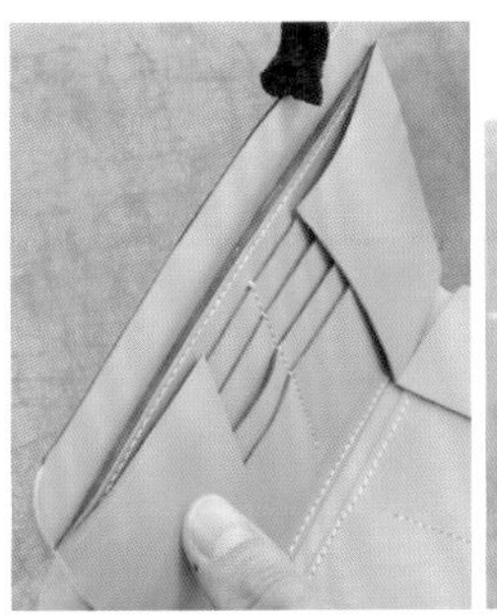

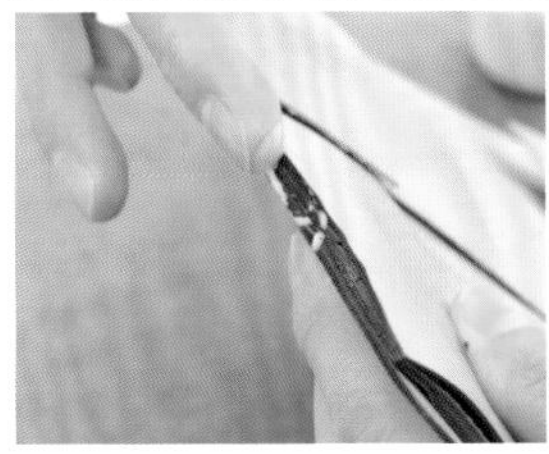

在內裡周圍的側邊上染料，塗抹床面處理劑。
27

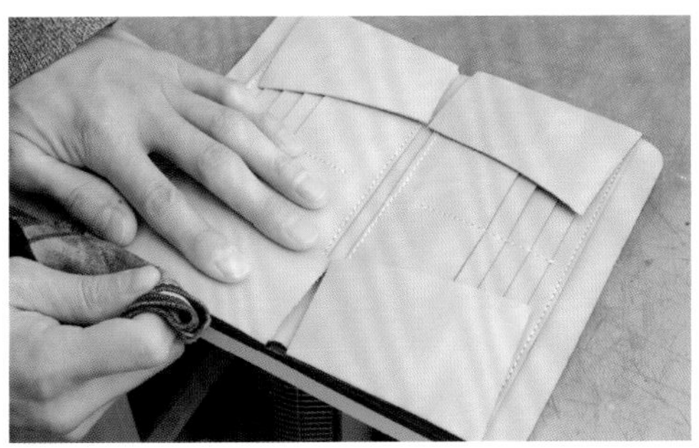

28 確實以布料研磨塗抹過床面處理劑的側邊。

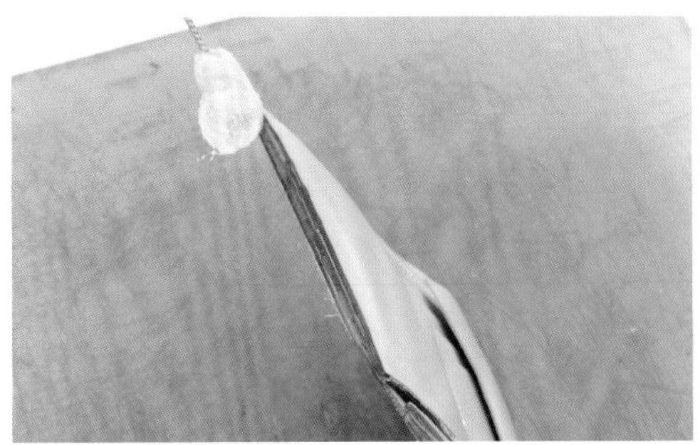

29 用布料研磨過的側邊，最後塗上邊緣處理劑。

30 準備本體與BONTEX纖維紙芯。

將BONTEX纖維紙芯上的箭頭對著皮革彎曲的方向。

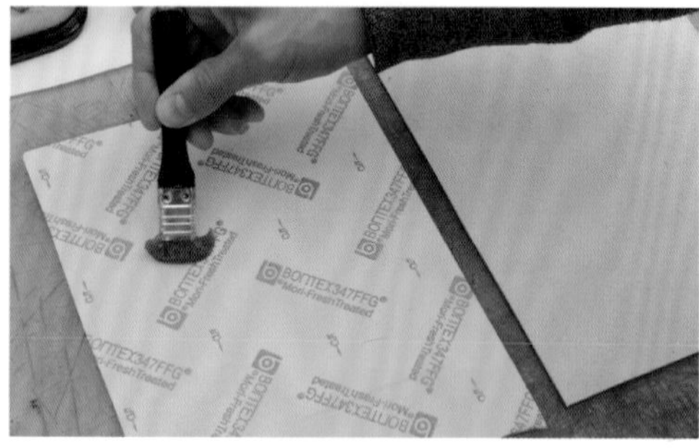

31 在BONTEX纖維紙芯表面塗抹橡皮膠。

32 在本體的肉面層也塗抹橡皮膠。

33 貼合本體與BONTEX纖維紙芯，確實壓緊。

34 貼合BONTEX纖維紙芯之後，將凸出的BONTEX纖維紙芯剪掉，本體轉角處則對齊紙型裁切。

35 在本體四周的中心位置做記號。

36 在長邊的中心位置，車上30mm長的縫線。

37 在兩側的長邊車上30mm長的縫線的狀態。

在本體側邊塗抹染料。小心不要將染料抹到表面。
38

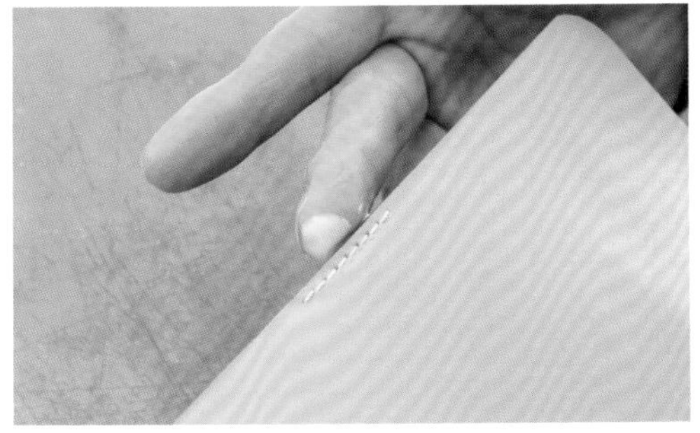

39 在上好染料的側邊塗抹床面處理劑。

40 用布料研磨塗抹床面處理劑的側邊。

41 最後塗上邊緣處理劑。

42 本體加工至圖中狀態。

縫合本體與拉鏈

在分別完成的本體和本體內裡之間夾著拉鏈縫合。拉鏈調整為500mm長，在正中間標記位置以對齊本體。

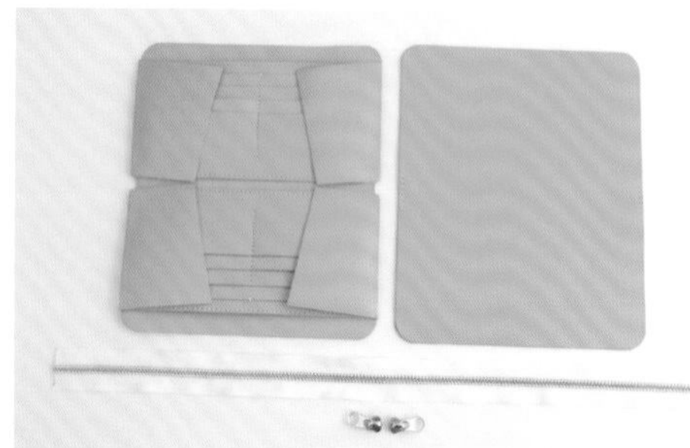

01 準備本體、本體內裡、拉鏈之零件。

貼合本體內裡與拉鏈

POINT

02 將拉鏈對折，在拉鏈正中央做記號。

03 在內裡的肉面層邊緣貼附寬10mm的雙面膠。

貼雙面膠時，避開中間部分的兩端用圓斬切除的地方。

04

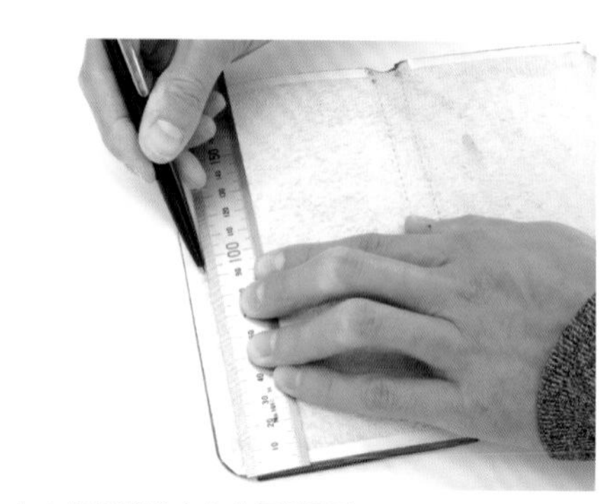

05 在內裡短邊的中心位置做記號。

POINT

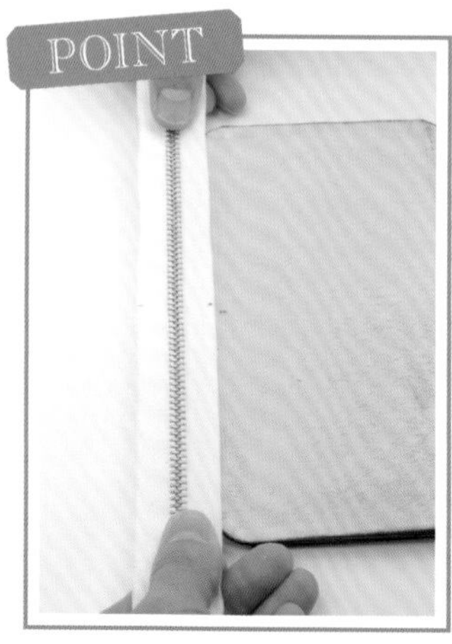

對齊拉鏈的中心位置與內裡短邊的中心位置，並貼合拉鏈。

06

07 轉角的部分不貼，先黏貼側邊。

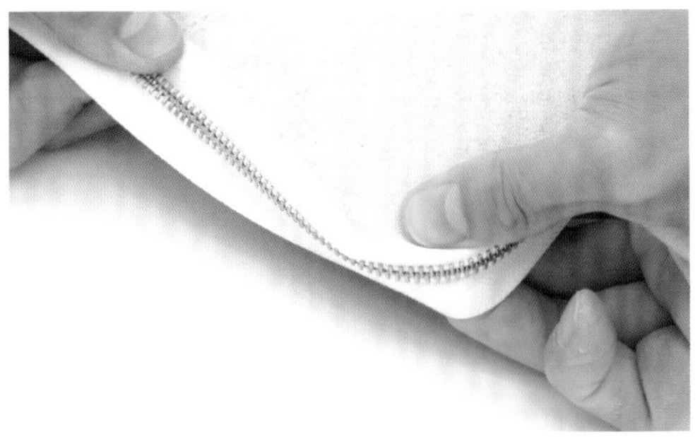

08 直線部分貼合完畢後，一點一點貼合轉角部分。

CHECK

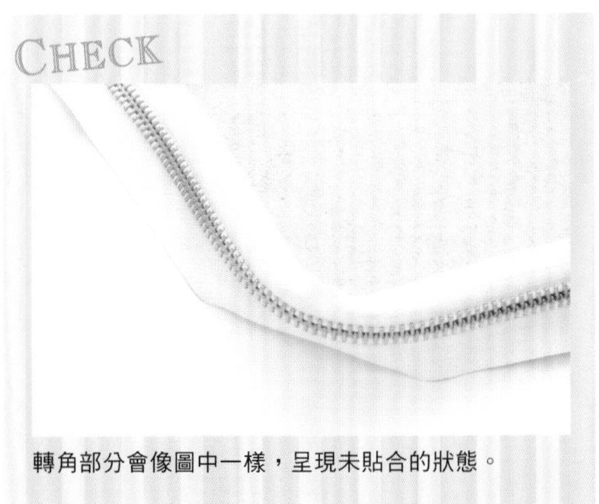

轉角部分會像圖中一樣，呈現未貼合的狀態。

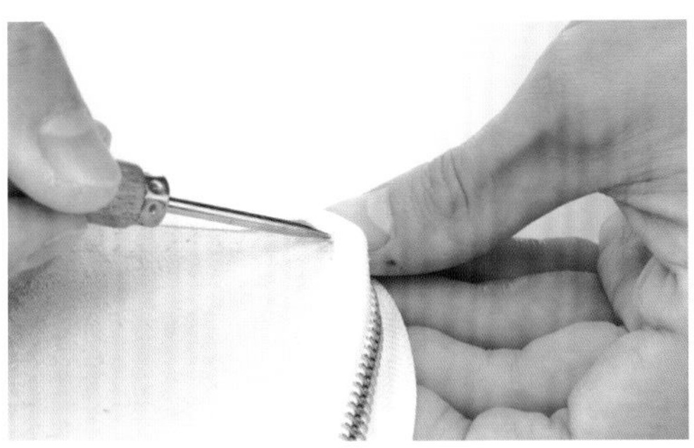

09 將未貼合的拉鏈從中間慢慢按壓，待轉角處形成皺紋慢慢貼合。

POINT

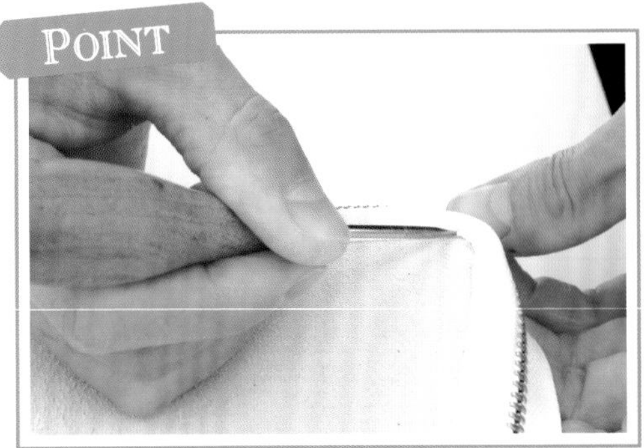

10 皺紋越細，拉鏈的貼合程度就會越好。

11 單側拉鏈貼合完畢之後，將拉鏈拉開。

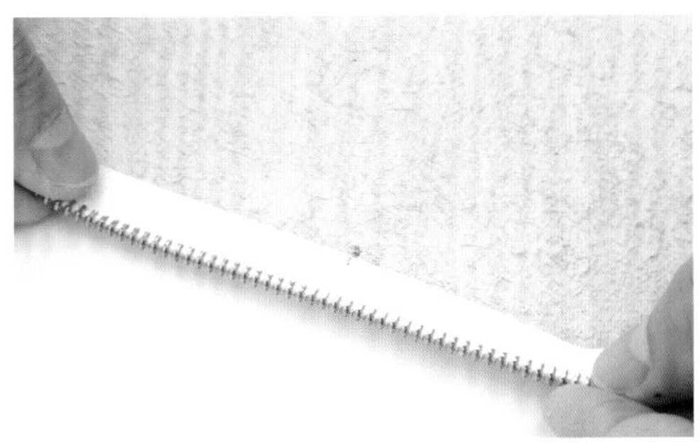

12 拉開拉鏈後，對齊另一側的中心位置，將拉鏈與內裡貼合。

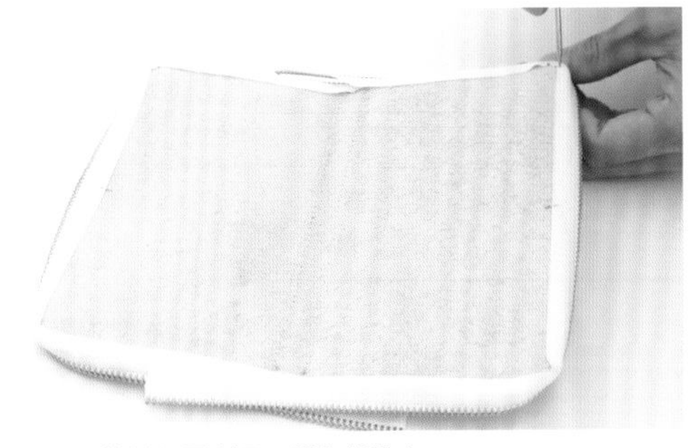

13 拉鏈如圖所示，與內裡貼合。

14 與剛才貼合的另一側相同，轉角的部分要慢慢壓出皺紋後再貼合。

15 本體內裡與拉鏈貼合的狀態。

本體與內裡貼合

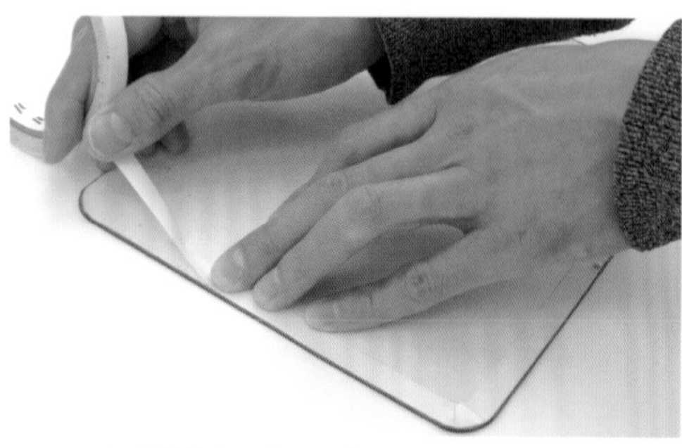

16 在本體背面周圍貼附寬10mm的雙面膠。

17 和內裡一樣，長邊的中心部分約30mm不貼雙面膠。

POINT

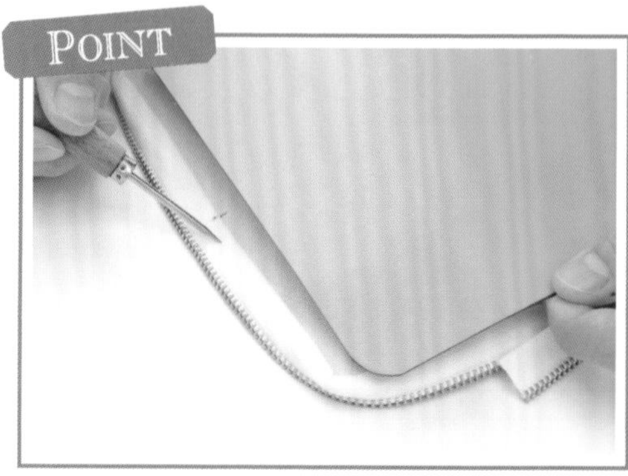

18 對齊拉鏈的中心位置與本體的中心位置，貼合本體與內裡。

19 位置對齊後，先壓緊單側。

POINT

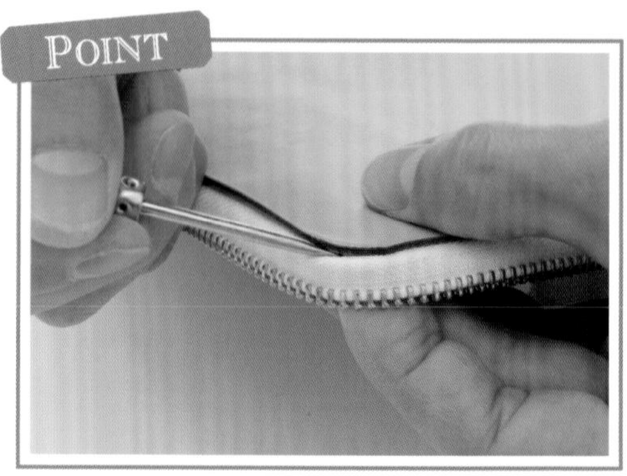

20 用圓錐邊調整邊貼，避免轉角處出現凹陷。

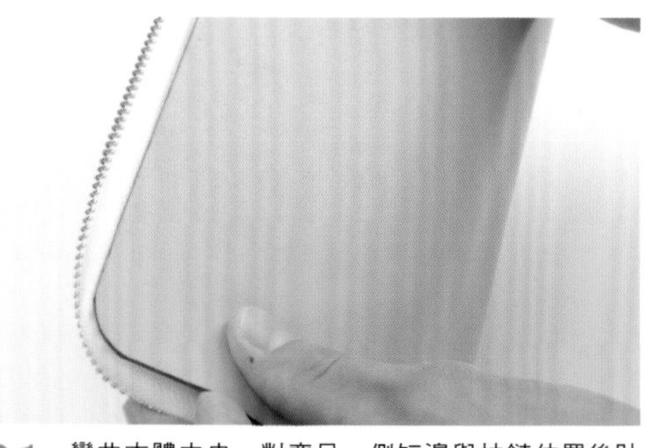

21 彎曲本體中央，對齊另一側短邊與拉鏈位置後貼合。

22 對齊短邊與拉鏈位置後，就會如圖所示，正中間呈現稍微彎曲的狀態。

CHECK

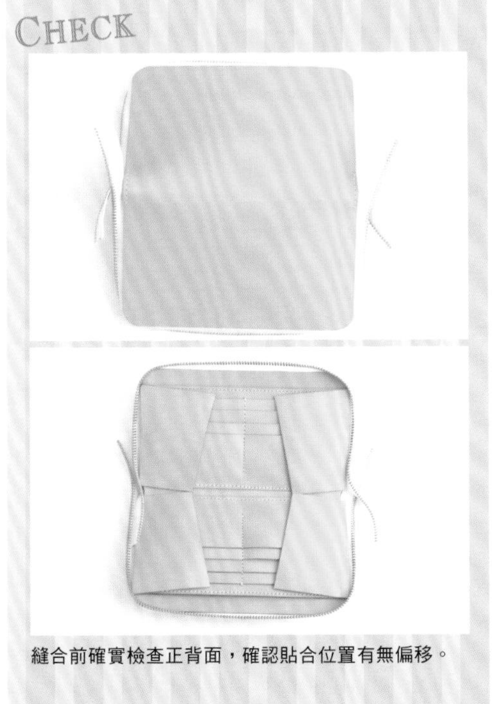

縫合前確實檢查正背面，確認貼合位置有無偏移。

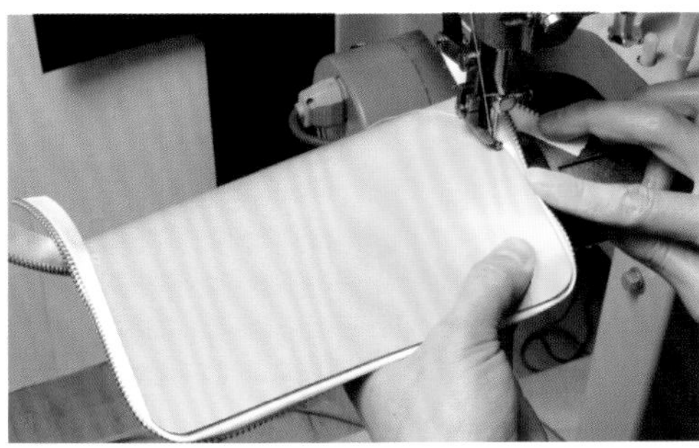

23 從剛才已經車好的縫線端開始縫製，將本體周圍對半縫合。

POINT

24 縫合轉角處時，注意不要懸空。

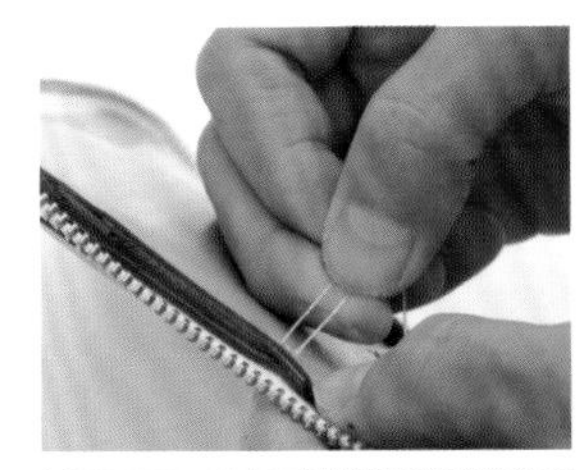

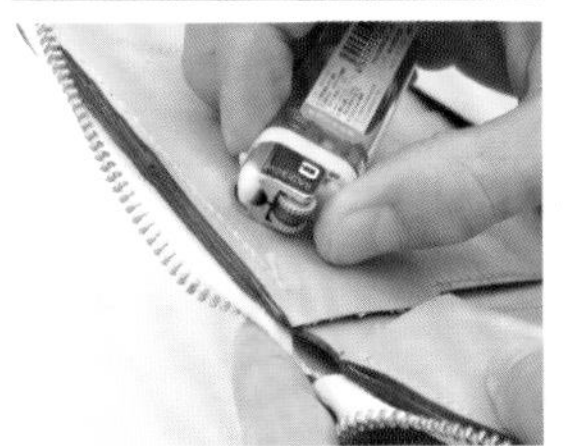

縫合完成後，線頭從內側穿出，並以打火機燒熔固定。
25

26 本體縫合周圍後，從正面看過去的狀態。

27 本體縫合周圍後，從內側看過去的狀態。側邊皮料與卡片匣皆已經與本體縫合。

固定零錢匣

零錢匣夾在側邊與側邊之間，位於錢包的正中央。另行製作的零錢匣側邊，也會同時縫合。

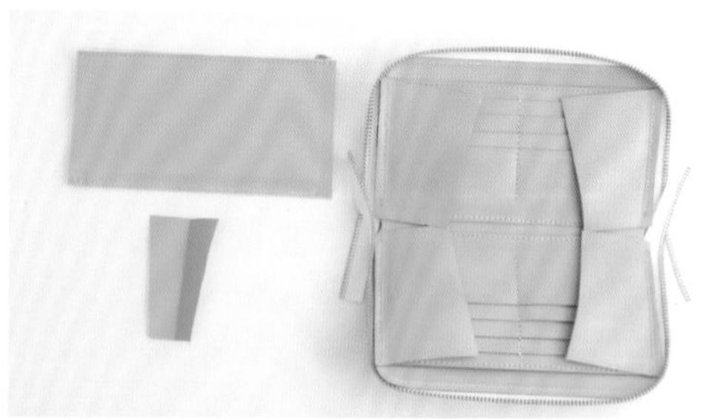

01 準備零錢匣、零錢匣側邊與本體側邊皮料。

縫合零錢匣

POINT

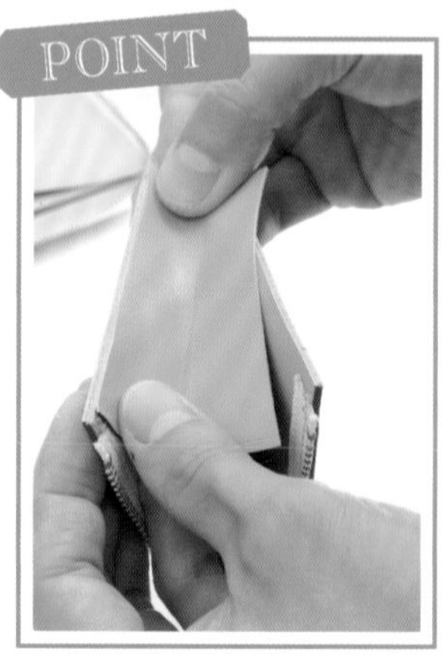

在零錢匣有拉鏈頭的這一側，貼合側邊皮料。本體側邊的肉面層也先貼好雙面膠。

02

CHECK

確認本體拉鏈的方向。拉鏈齒凸起的那一側才會裝拉鏈頭。

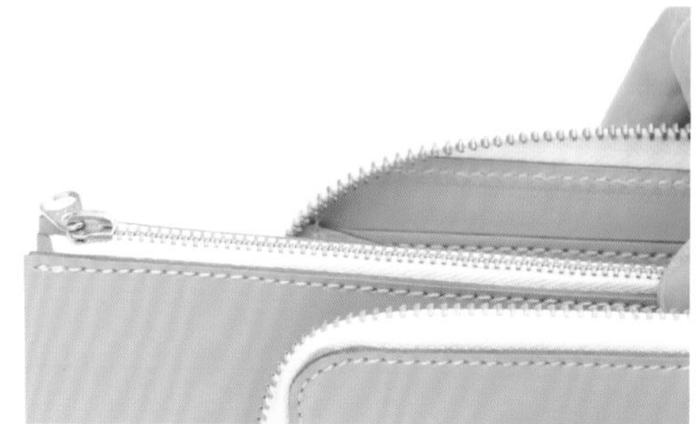

03 將零錢匣的拉鏈頭對齊本體拉鏈頭的方向。

04 將零錢匣與側邊皮料，貼合成圖中狀態。

縫合零錢匣與側邊貼合的部分。

05

06 線頭由內側穿出，以燒熔方式固定。

07 將零錢匣側邊與本體側邊縫合後的狀態。

POINT

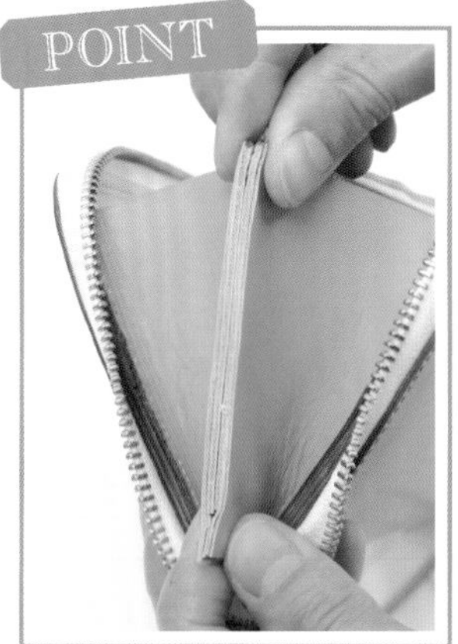

沒有零錢匣側邊的這一頭，如圖所示，由本體的兩側側邊夾住零錢匣。

08

將另一側的零錢匣與側邊縫合。

09

在縫合處的側邊塗抹染料。

10

在上完染料的地方塗抹床面處理劑，並確實用布料研磨。

11

12 塗抹床面處理劑且研磨過的側邊，塗上邊緣處理劑。

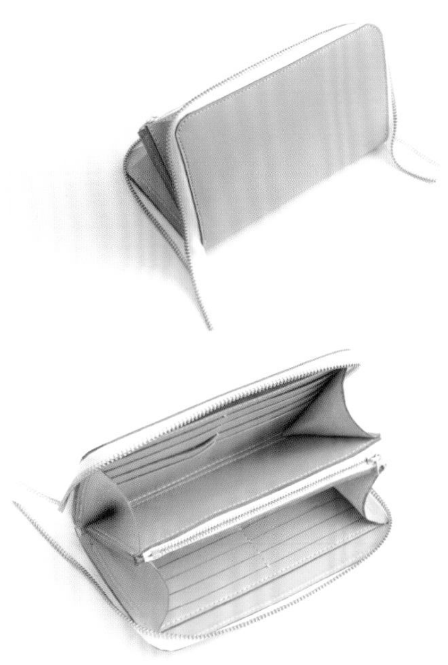

13 零錢匣固定在本體上的狀態，如圖所示。

處理拉鏈

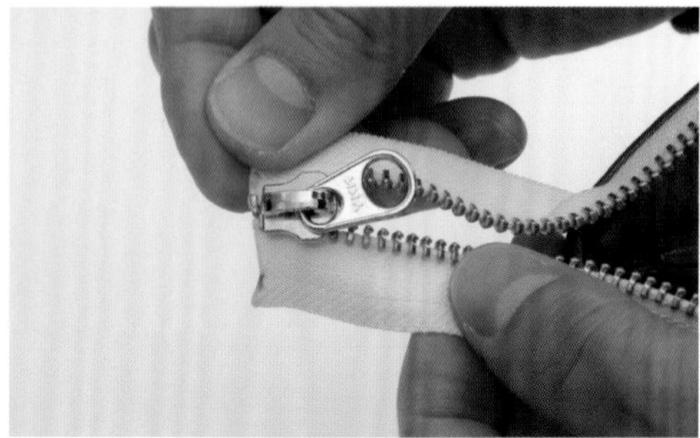

14 裝上拉鏈頭。

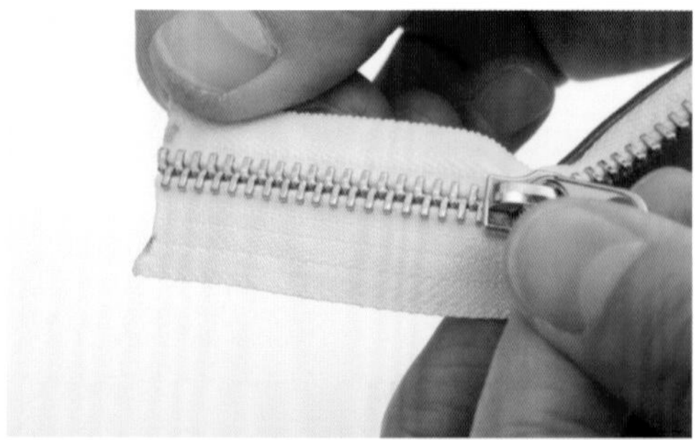

15 裝上拉鏈頭之後，將前端拉闔50mm。

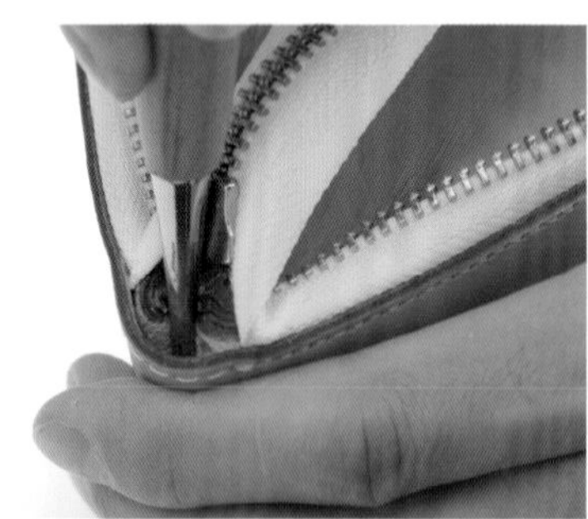

16 將拉鏈拉闔的部分，塞進本體與本體內裡之間的間隙。注意不要讓拉鏈產生皺褶。

POINT

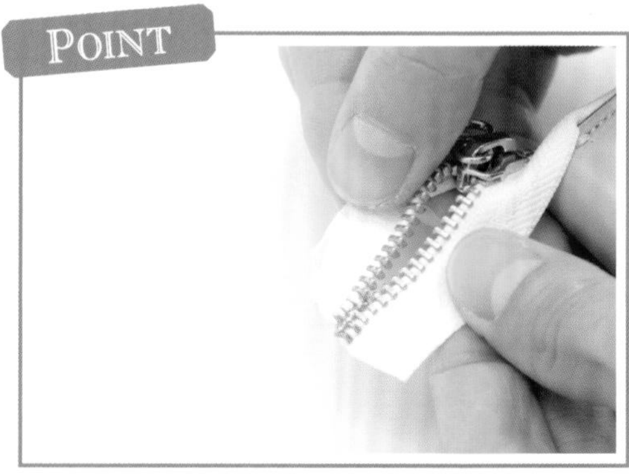

17 另一側不用拉鏈頭拉闔，直接讓拉鏈齒互咬約50mm即可。

18 與步驟16相同，把拉鏈塞進本體與本體內裡之間的間隙。

19 兩側的拉鏈都塞進本體與本體內裡之間的間隙後，本體就完成了。

裝上拉鏈把手

最後要在拉鏈頭裝上皮革製的把手。只要在把手的形狀上用點巧思，也可以打造出獨具風格的作品，試著構思原創設計也不錯喔！

01 準備把手的零件。

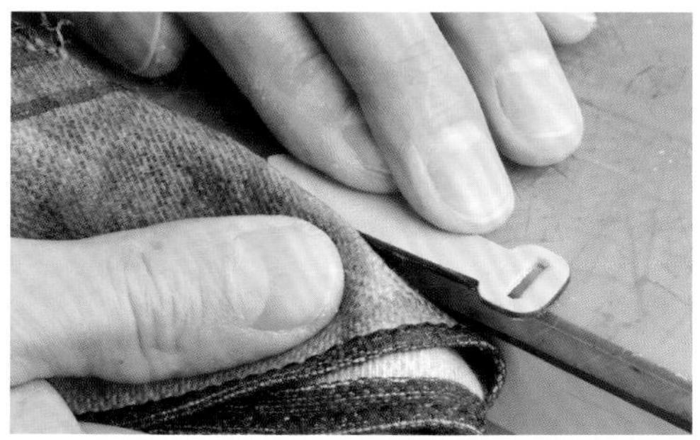

02 側邊和其他零件一樣，先上染料再塗抹床面處理劑，並用布料研磨。

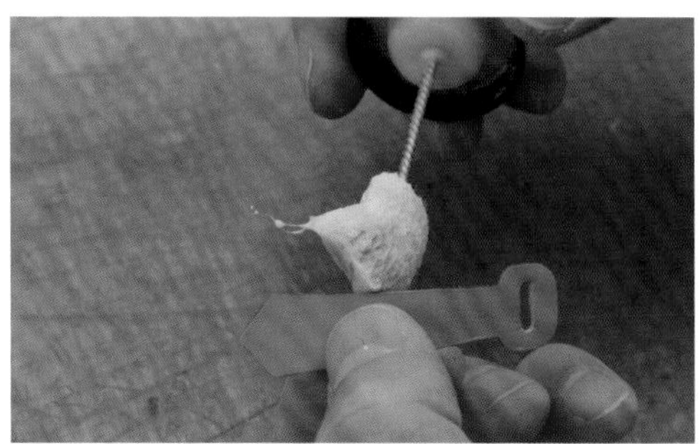

03 側邊皮料最後塗上邊緣處理劑。

04 將皮革把手前端穿過拉鏈頭的金屬拉環。

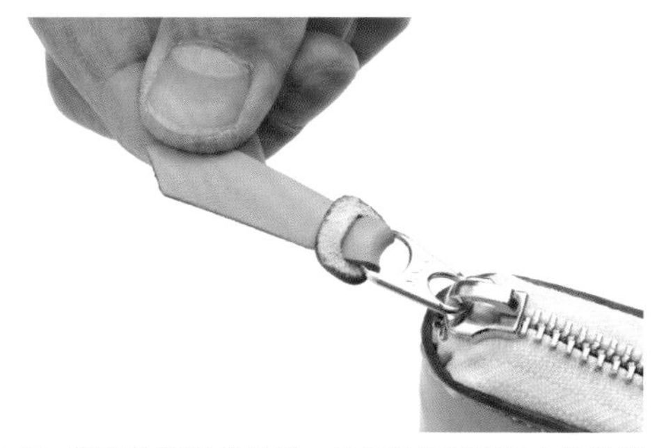

05 穿過拉鏈頭的前端，再穿過皮革把手上的孔即可。

完成

不挑慣用手的便利性

因為設計左右對稱，無論是右撇子還是左撇子都很方便使用。

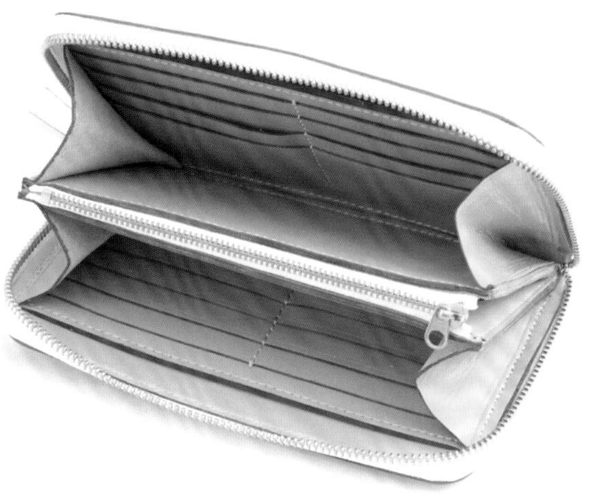

SHOP INFORMATION

MASAKI & FACTORY

訂製專屬自己的皮革商品

使用車縫打造客製化商品的MASAKI & FACTORY工坊位在東京都澀谷區的山手通上。該店製作客製化皮革商品，店主雨宮先生包辦從事前討論到製作的全程，讓客人能獲得理想中的商品。除了錢包之外，還有大型包款和小物，經手各種商品，請和店主洽詢自己心目中理想的商品吧！想必您一定能獲得滿意的答覆。

雨宮正季 先生

MASAKI & FACTORY的店主也是皮革工藝師。能隨心所欲使用縫紉機，創作出由小到大各種廣泛的商品。

1.位於大樓2樓的工坊，也設有會議的空間，牆面上展示各種包款的樣品。 2.小物類的樣品也很豐富。 3.愛用的縫紉機與色彩鮮艷的車縫線。當然也可以指定車縫線的顏色。

SHOP DATA

MASAKI & FACTORY

東京都澀谷區富之谷2-3-7
Tel.050-1579-8667
URL http://www.masaki-factory.com/
營業時間 11:00～19:30（13:00～14:30為午休時間）
公休日 星期三・第2.3.5個星期四

紙型

- 本書所附紙型皆為縮小50%之圖形。使用時，須將縮小50%之圖形放大至200%。
- 請將影印下來的紙型，以橡皮膠或固形膠貼在操作用的厚紙板上裁切使用。
- 根據使用的皮革種類與厚度不同，可能需要調整。
- 禁止複製、販售本書刊載的作品與紙型。紙型僅限個人使用。

二折長夾 P.12

本 體

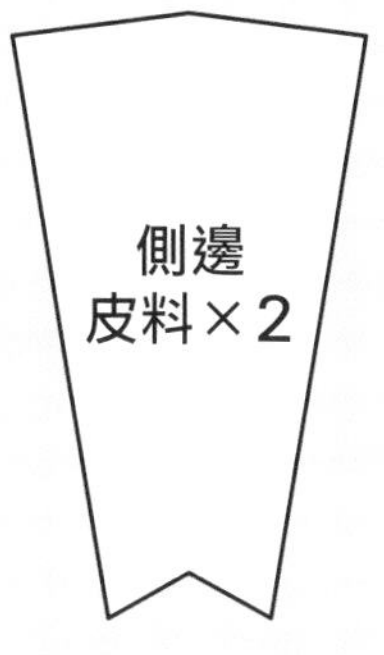

二折長夾2

P.12

零錢匣B

零錢匣A

零錢匣C

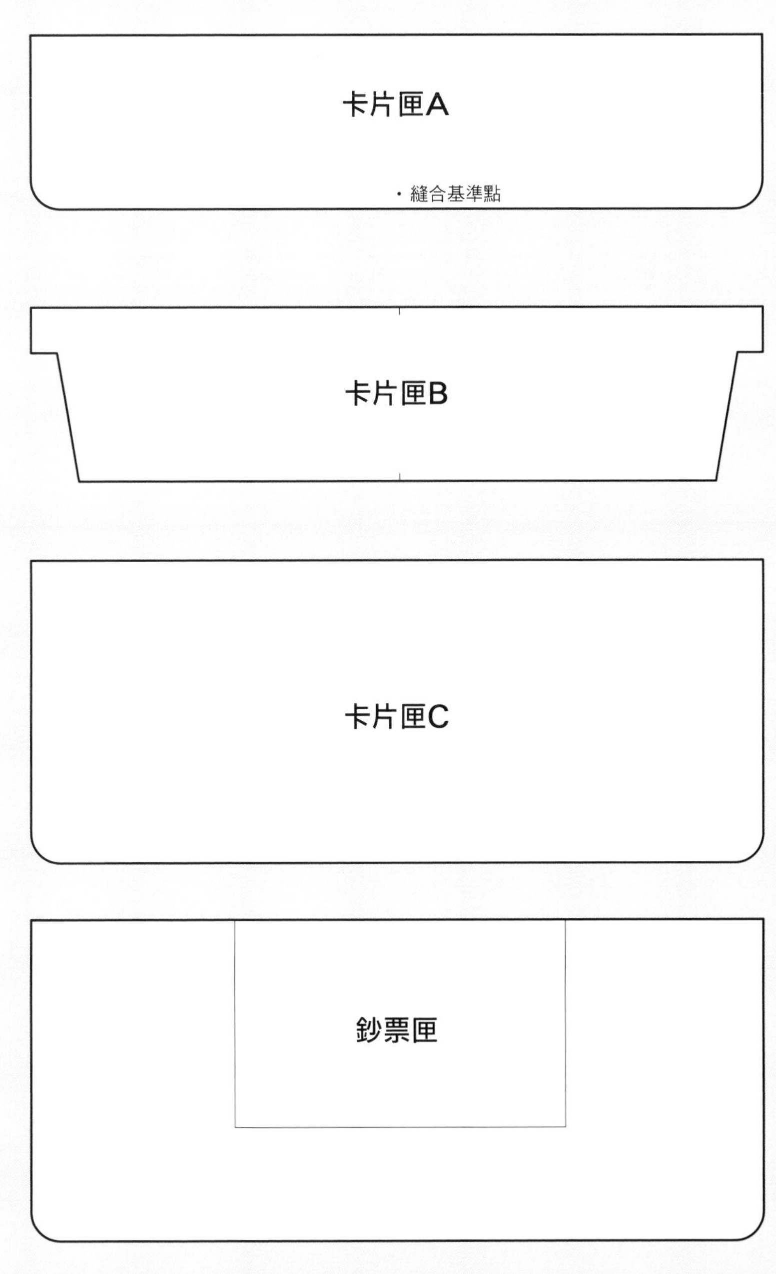
卡片匣A
・縫合基準點
卡片匣B
卡片匣C
鈔票匣

拉鏈包款長夾 P.48

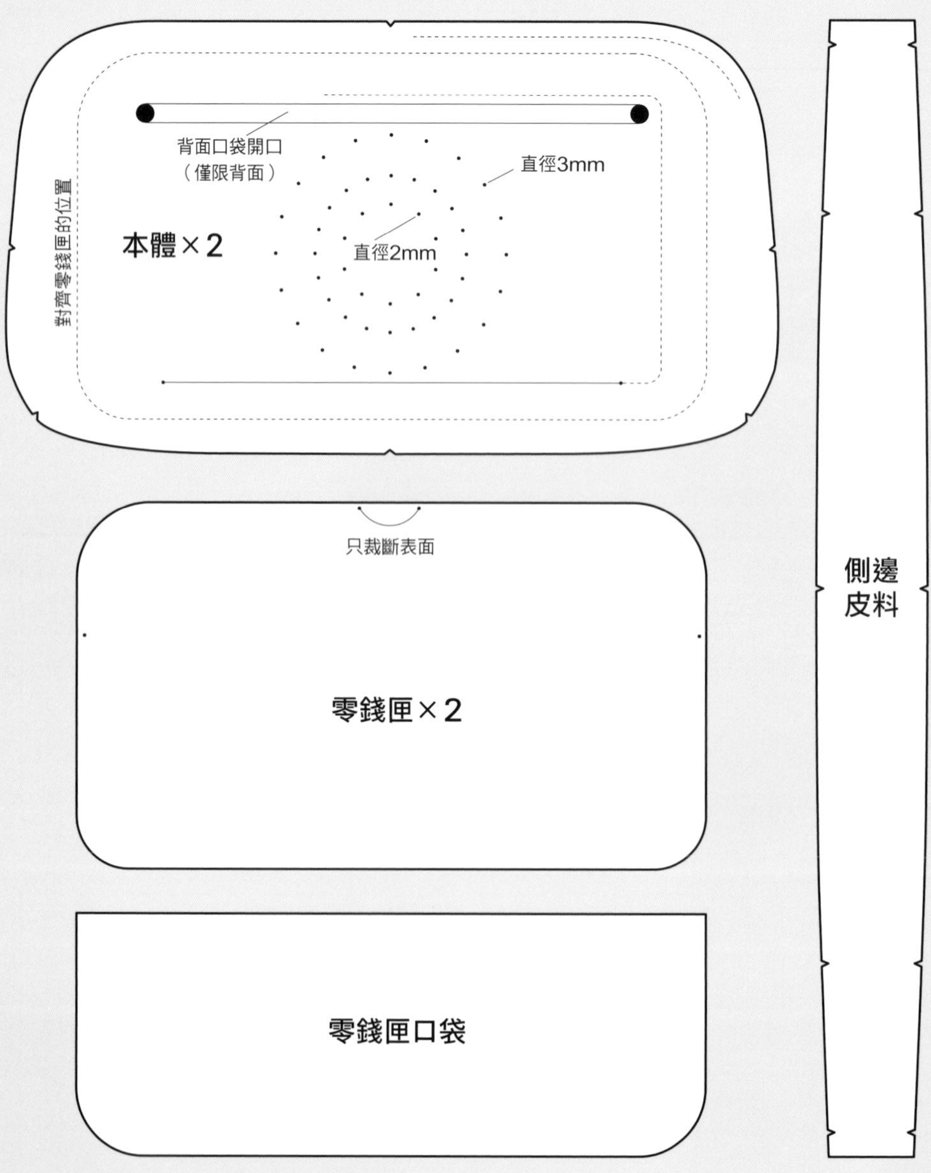

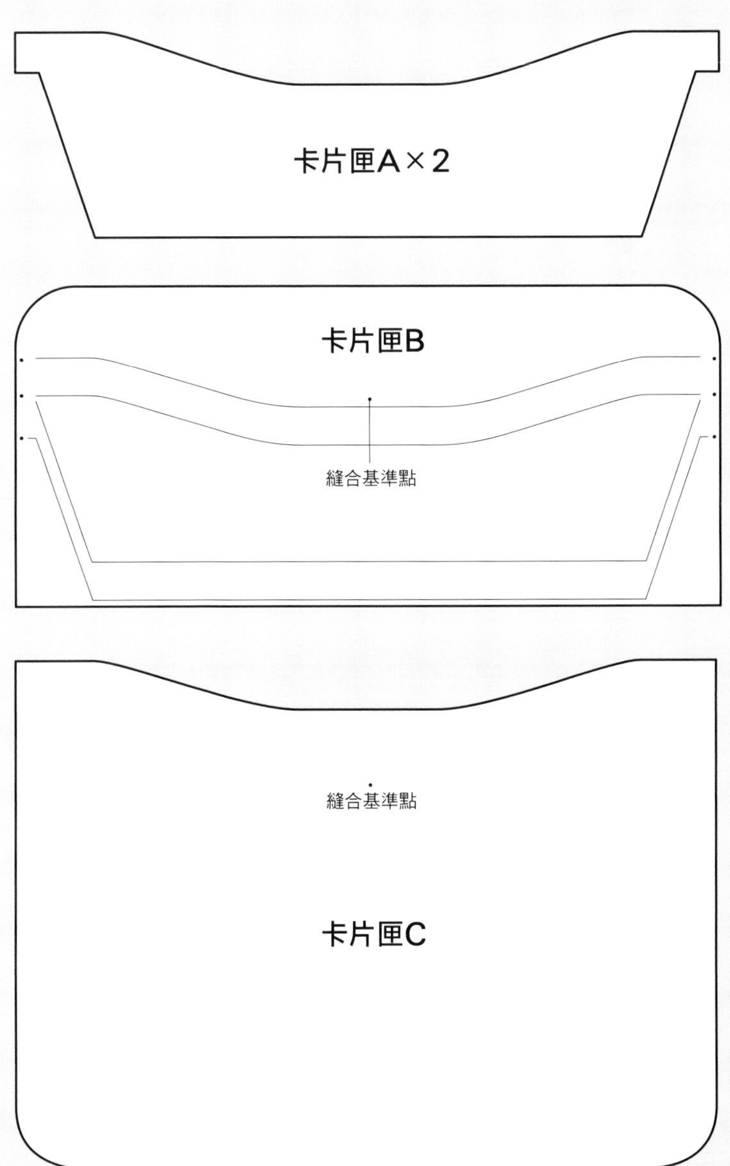
卡片匣A×2
卡片匣B
縫合基準點
縫合基準點
卡片匣C

手拿包款長夾 P.72

卡片匣C×2

縫合基準點

卡片匣B×2

卡片匣A×4

側邊皮料×4

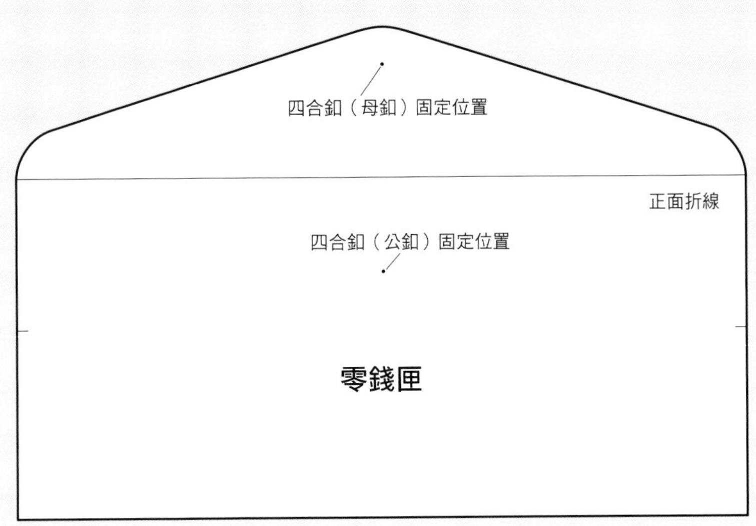
四合釦（母釦）固定位置
正面折線
四合釦（公釦）固定位置
零錢匣

磁釦（公釦）固定位置
（固定在內裡正面）
掀蓋的內裡
本　體
磁釦（母釦）固定位置
（固定在本體正面）

口金長夾 P.98

本 體
內 裡

卡片匣A×2

卡片匣B×2

縫合基準點

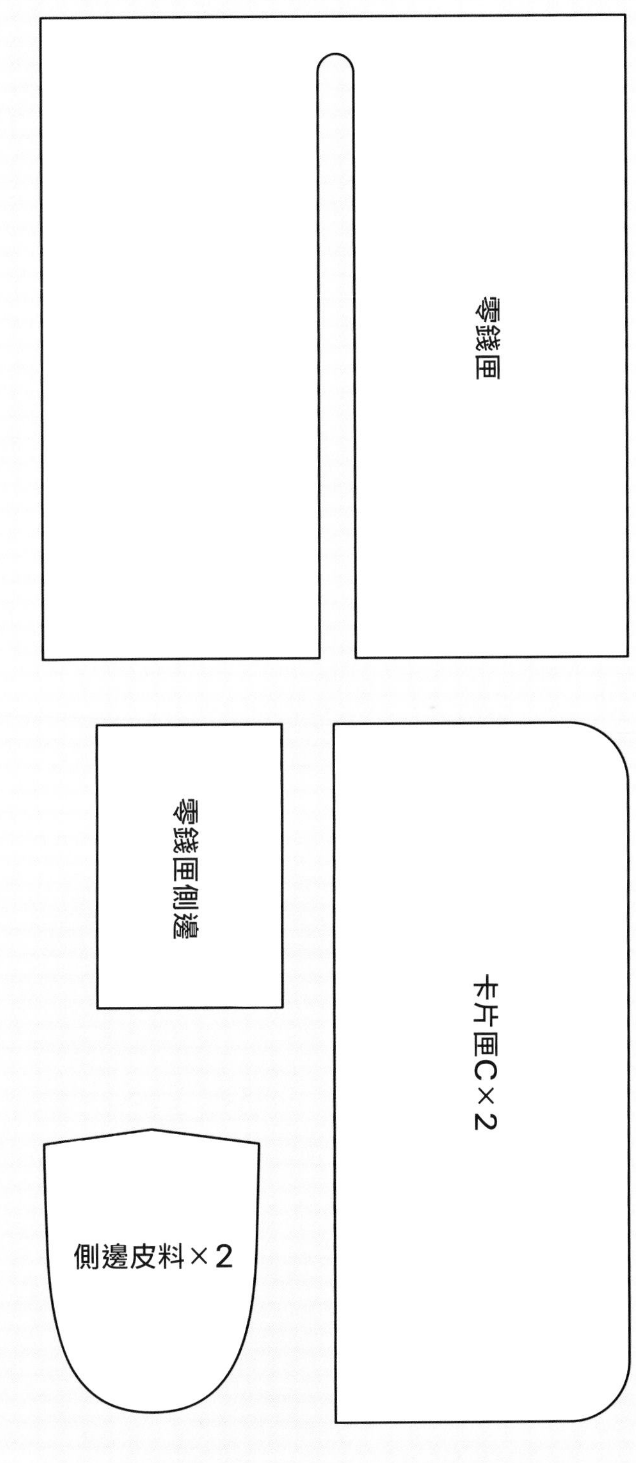
零錢匣
零錢匣側邊
卡片匣C×2
側邊皮料×2

L形拉鏈長夾 P.118

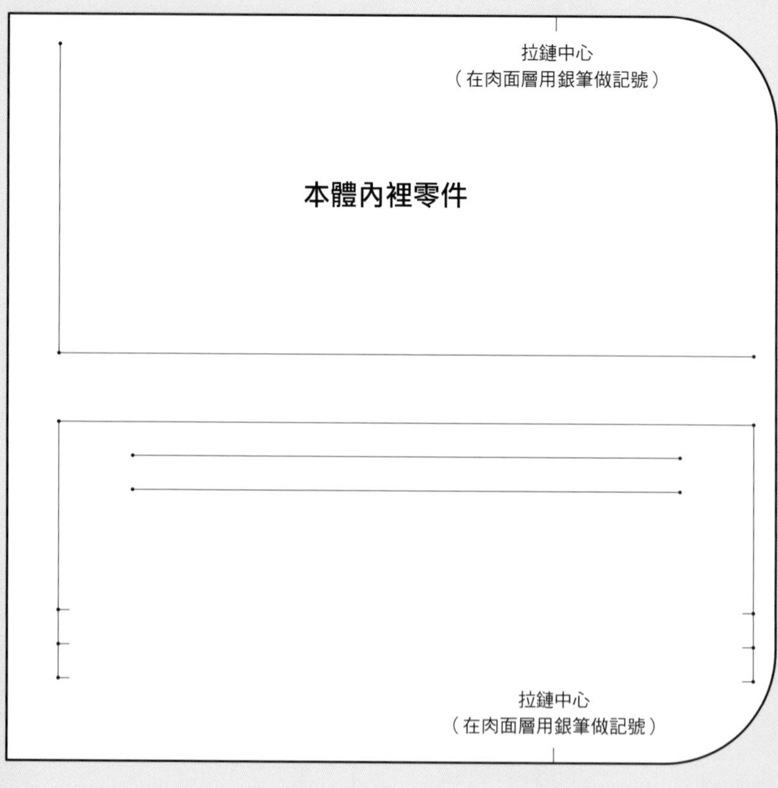

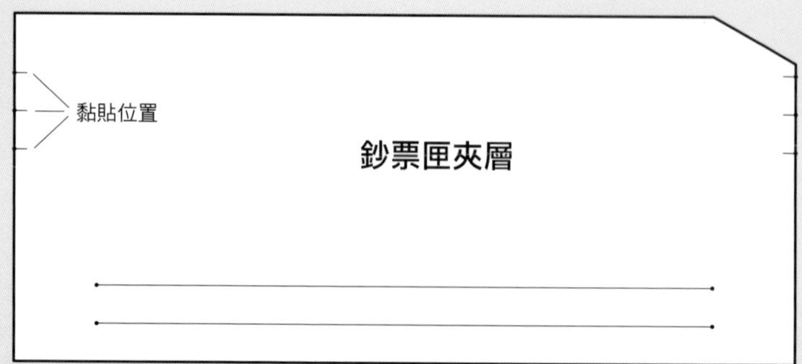

※外圈為裁切線。內側的線為貼合位置線。

側邊皮料

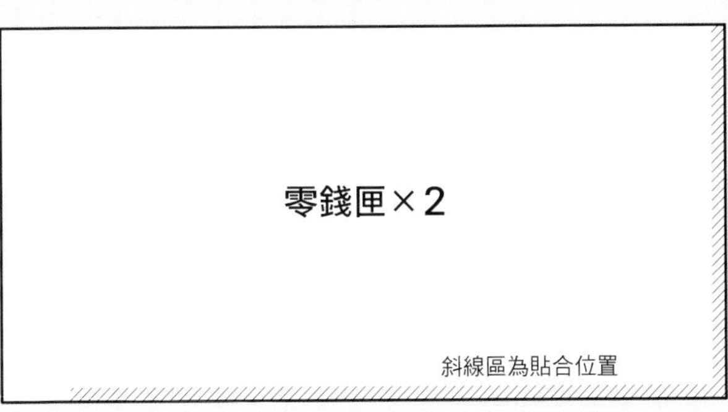

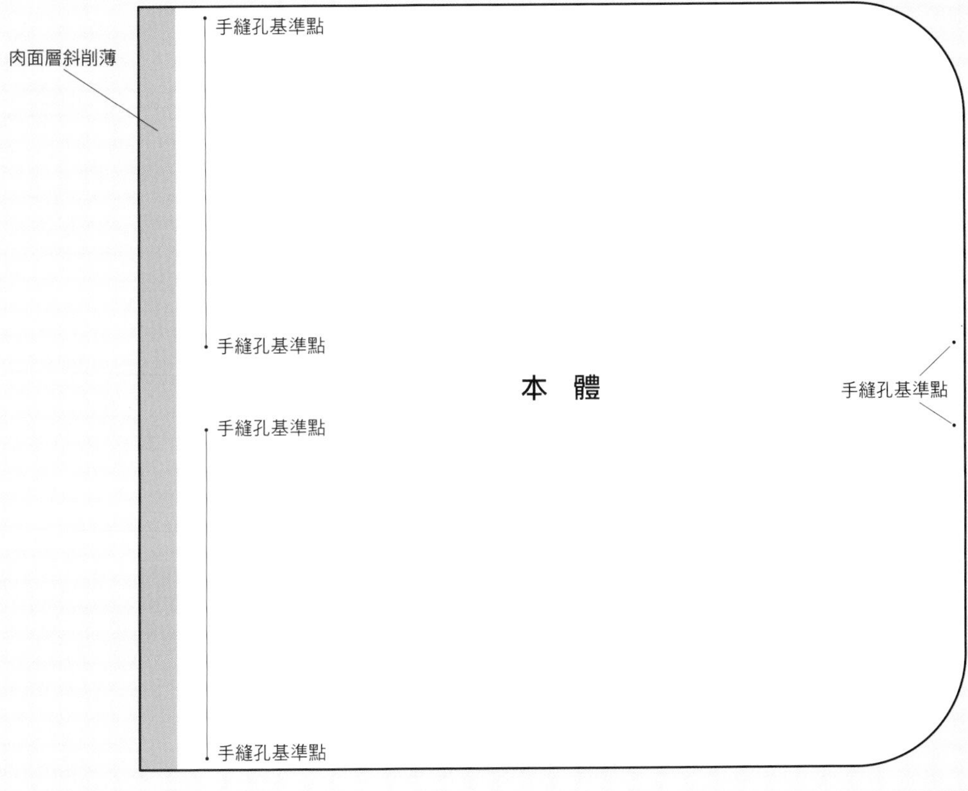

※外圈為裁切線。內側的
線為手縫位置線。

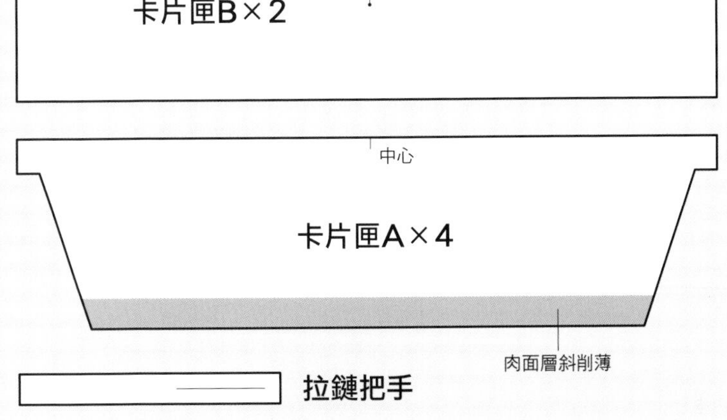

全開口拉鏈長夾 P.152

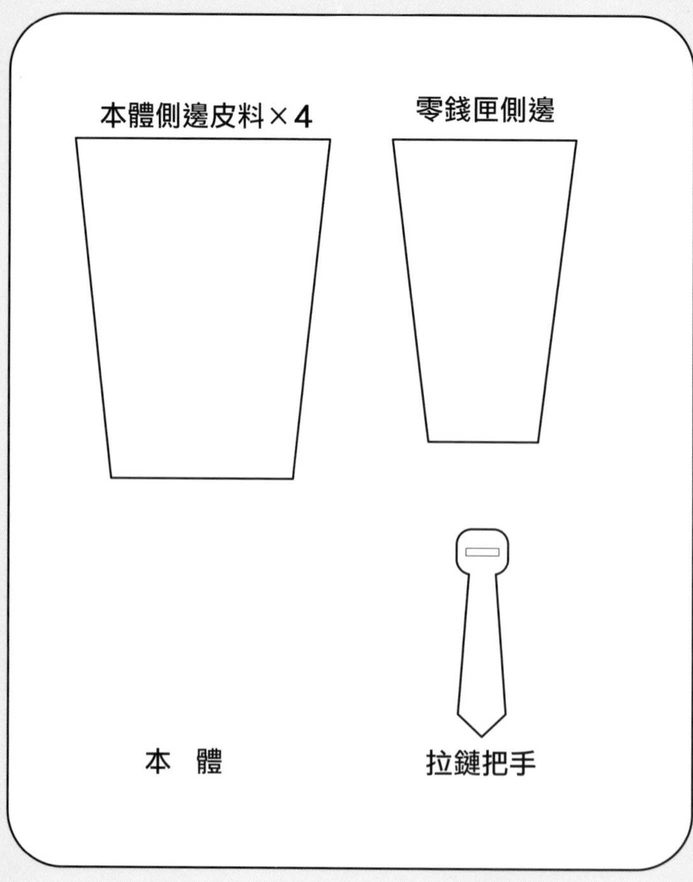

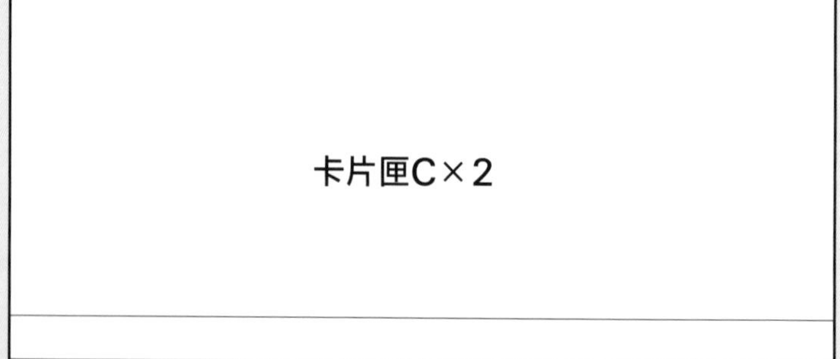

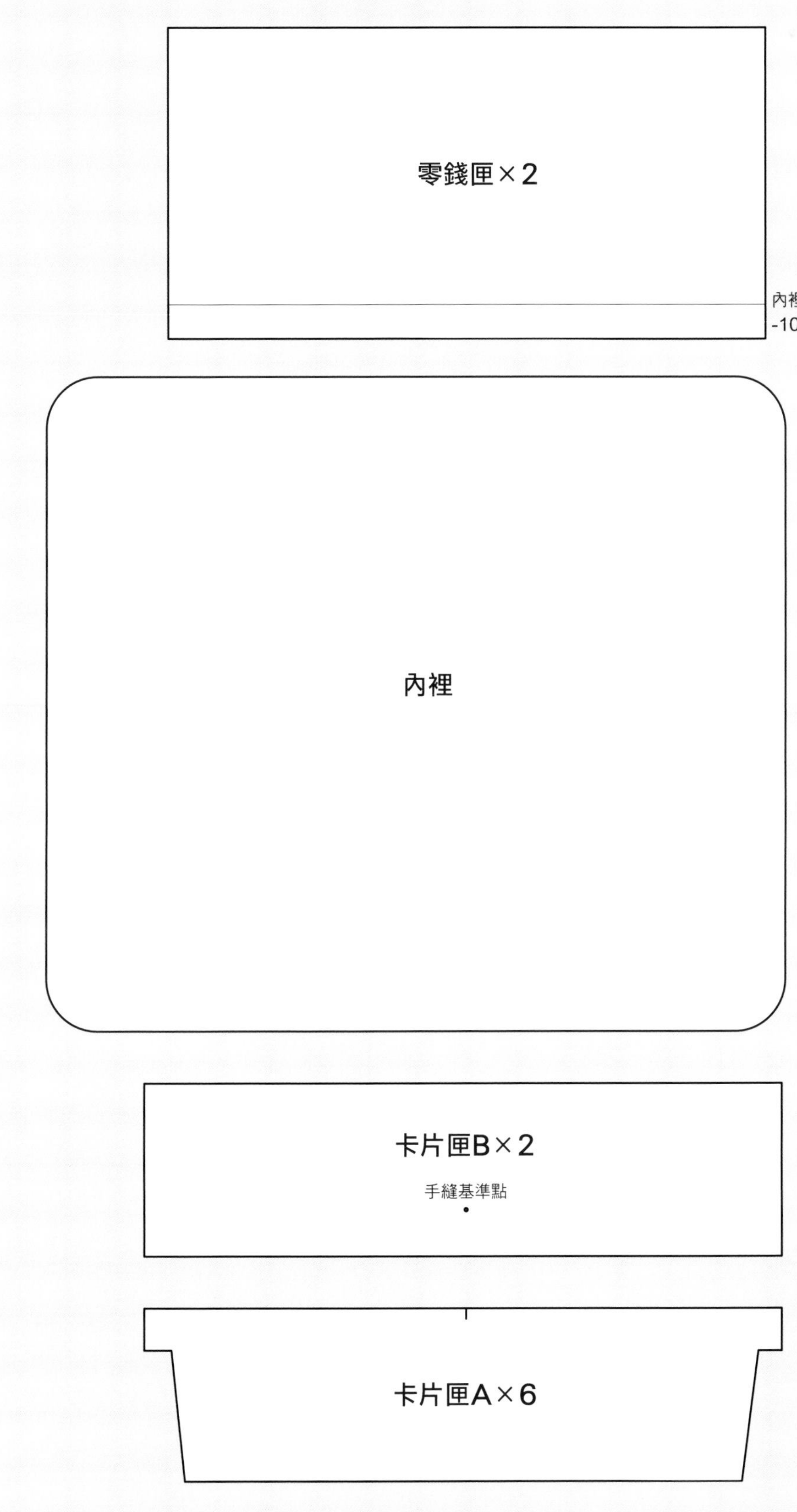
零錢匣×2
內裡
-10mm
內裡
卡片匣B×2
手縫基準點
卡片匣A×6

TITLE

原創品味！可放手機的皮革長夾

STAFF

出版	三悅文化事業股份有限公司
編著	STUDIO TAC CREATIVE
譯者	涂紋凰
總編輯	郭湘齡
文字編輯	黃美玉　徐承義　蔣詩綺
美術編輯	陳靜治
排版	二次方數位設計
製版	昇昇興業股份有限公司
印刷	桂林彩色印刷股份有限公司
法律顧問	經兆國際法律事務所　黃沛聲律師
戶名	瑞昇文化事業股份有限公司
劃撥帳號	19598343
地址	新北市中和區景平路464巷2弄1-4號
電話	(02)2945-3191
傳真	(02)2945-3190
網址	www.rising-books.com.tw
Mail	deepblue@rising-books.com.tw
初版日期	2017年8月
定價	400元

ORIGINAL JAPANESE EDITION STAFF

PUBLISHER
高橋矩彥　Norihiko Takahashi

EDITOR
後藤秀之　Hideyuki Goto

DESIGNER
小島進也　Shinya Kojima

ADVERTISING STAFF
大島　晃　Akira Ohshima
久嶋優人　Yuto Kushima

PHOTOGRAPHER
小峰秀世　Hideyo Komine
柴田雅人　Masato Shibata

Printing
シナノ書籍印刷株式会社

國家圖書館出版品預行編目資料

原創品味!可放手機的皮革長夾 /
Studio Tac Creative編著 ; 涂紋凰譯. --
初版. -- 新北市 : 三悅文化圖書, 2017.08
192　面 ; 18.2 X 25.7　公分
ISBN 978-986-94885-2-5(平裝)

1.皮革 2.手工藝

426.65　　106009034